上海市工程建设规范

专用数字无线对讲通信系统工程技术标准

Technical standard for private digital mobile radio communication system engineering

DG/TJ 08—2406—2022
J 16909—2023

主编单位：华东建筑设计研究院有限公司
　　　　　上海建筑设计研究院有限公司
　　　　　上海市无线电协会
批准部门：上海市住房和城乡建设管理委员会
施行日期：2023 年 5 月 1 日

同济大学出版社

2023　上海

图书在版编目(CIP)数据

专用数字无线对讲通信系统工程技术标准/华东建筑设计研究院有限公司，上海建筑设计研究院有限公司，上海市无线电协会主编. —上海：同济大学出版社，2023.9

ISBN 978-7-5765-0887-1

Ⅰ. ①专… Ⅱ. ①华… ②上… ③上… Ⅲ. ①无线电通信－通信系统－技术标准－上海 Ⅳ. ①TN92-65

中国国家版本馆 CIP 数据核字(2023)第 146258 号

专用数字无线对讲通信系统工程技术标准

华东建筑设计研究院有限公司
上海建筑设计研究院有限公司　主编
上海市无线电协会

责任编辑	朱　勇
责任校对	徐春莲
封面设计	陈益平

出版发行	同济大学出版社　www.tongjipress.com.cn
	(地址：上海市四平路1239号　邮编：200092　电话：021-65985622)
经　　销	全国各地新华书店
印　　刷	苏州市古得堡数码印刷有限公司
开　　本	889mm×1194mm　1/32
印　　张	5.625
字　　数	151 000
版　　次	2023年9月第1版
印　　次	2024年8月第2次印刷
书　　号	ISBN 978-7-5765-0887-1
定　　价	60.00元

本书若有印装质量问题，请向本社发行部调换　　版权所有　侵权必究

上海市住房和城乡建设管理委员会文件

沪建标定〔2022〕736号

上海市住房和城乡建设管理委员会关于批准《专用数字无线对讲通信系统工程技术标准》为上海市工程建设规范的通知

各有关单位：

由华东建筑设计研究院有限公司、上海建筑设计研究院有限公司和上海市无线电协会主编的《专用数字无线对讲通信系统工程技术标准》，经我委审核，现批准为上海市工程建设规范，统一编号为DG/TJ 08—2406—2022，自2023年5月1日起实施。

本标准由上海市住房和城乡建设管理委员会负责管理，华东建筑设计研究院有限公司负责解释。

上海市住房和城乡建设管理委员会
2022年12月19日

前　言

根据上海市住房和城乡建设管理委员会《关于印发〈2019年上海市工程建设规范、建设标准设计编制计划〉的通知》(沪建标定〔2018〕753号)的要求，由华东建筑设计研究院有限公司、上海建筑设计研究院有限公司、上海市无线电协会会同有关单位共同完成本标准编制。

在本标准编制过程中，编制组遵照国家有关基本建设的方针，力求满足社会对专用数字无线对讲通信系统使用需求且符合专用对讲频谱规划与使用管理的要求，在总结专用数字无线对讲通信系统技术的发展、结合本市多年来使用单位的工程实践经验及借鉴国内外先进技术的基础上，进行了国内的调查研究，广泛征求了科研、制造、设计、维保检测、集成服务商以及相关管理使用部门的意见，经反复修改和讨论，并通过专家审查后定稿。

本标准主要内容有：总则；术语和缩略语；系统应用场所；系统网络架构；系统功能；系统设计；信号源；分布式天馈系统；数字终端；配套设计；电磁环境；安全防护与接地；施工与安装；系统性能测试；工程验收；运维管理。

各单位及相关人员在执行本标准过程中，请注意总结经验，积累资料，并将有关意见和建议反馈至上海市经济和信息化委员会(上海市无线电管理局)(地址：上海市世博村路300号5号楼；邮编：200125)，华东建筑设计研究院有限公司《专用数字无线对讲通信系统工程技术标准》管理组(地址：上海市汉口路151号；邮编：200002；E-mail：erlan_qu@ecadi.com)，上海市建筑建材业市场管理总站(地址：上海市小木桥路683号；邮编：200032；E-mail：shgcbz@163.com)，以供今后修订时参考。

主 编 单 位：华东建筑设计研究院有限公司
　　　　　　上海建筑设计研究院有限公司
　　　　　　上海市无线电协会
参 编 单 位：上海市消防救援总队
　　　　　　中国人民武装警察部队上海市总队
　　　　　　上海市无线电监测站
　　　　　　国家无线电监测中心检测中心
　　　　　　中铁上海设计院集团有限公司
　　　　　　上海市政工程设计研究总院(集团)有限公司
参 加 单 位：和源通信(上海)股份有限公司
　　　　　　上海烈龙信息工程有限公司
　　　　　　上海三吉电子工程有限公司
　　　　　　上海凌越实业有限公司
　　　　　　正禄信息科技(上海)有限公司
　　　　　　摩托罗拉系统(中国)有限公司
　　　　　　福建科立讯通信有限公司
主要起草人：吴文芳　瞿二澜　陈众励　瞿　迪　戴　浩
　　　　　　陈　晟　于孟华　谢　飞　徐弘良　郭　锋
　　　　　　冯少憧　刘　璠　陆惠丰　倪　捷　赵禕博
　　　　　　张文琦　秦　磊　吕兆南　张茂栋　胡克狄
　　　　　　姚忠邦
主要审查人：夏　林　周　宏　许　锐　张恩宝　秦　方
　　　　　　洪　翔　沈卫朝

　　　　　　　　　　　　　上海市建筑建材业市场管理总站

目 次

1 总 则 …………………………………………………… 1
2 术语和缩略语 ………………………………………… 2
  2.1 术 语 …………………………………………… 2
  2.2 缩略语 …………………………………………… 5
3 系统应用场所 ………………………………………… 6
  3.1 一般规定 ………………………………………… 6
  3.2 工业建筑 ………………………………………… 7
  3.3 民用建筑 ………………………………………… 8
4 系统网络架构 ………………………………………… 13
  4.1 一般规定 ………………………………………… 13
  4.2 信号源 …………………………………………… 13
  4.3 分布式天馈系统 ………………………………… 14
5 系统功能 ……………………………………………… 18
  5.1 一般规定 ………………………………………… 18
  5.2 基本功能 ………………………………………… 18
  5.3 业务功能 ………………………………………… 20
6 系统设计 ……………………………………………… 25
  6.1 一般规定 ………………………………………… 25
  6.2 设计流程 ………………………………………… 25
  6.3 设计内容 ………………………………………… 27
  6.4 设计交付 ………………………………………… 28
7 信号源 ………………………………………………… 30
  7.1 一般规定 ………………………………………… 30
  7.2 频率范围 ………………………………………… 30

7.3 频率数量设计	31
7.4 信号源性能要求	32
8 分布式天馈系统	34
8.1 一般规定	34
8.2 分布式天馈系统性能	34
8.3 干线放大器及光纤直放站	35
8.4 天　馈	37
8.5 多系统合路平台	39
9 数字终端	40
9.1 一般规定	40
9.2 数字终端性能要求	40
10 配套设计	42
10.1 一般规定	42
10.2 机房与弱电间设计	42
10.3 电气设计	46
10.4 配线管网设计	48
11 电磁环境	53
11.1 系统电磁兼容性	53
11.2 电磁环境卫生	53
12 安全防护与接地	54
12.1 一般规定	54
12.2 运行安全防护	54
12.3 防雷与接地	56
12.4 节能与环保	57
12.5 阻燃与耐火	58
13 施工与安装	61
13.1 一般规定	61
13.2 进场检验	61
13.3 机房与弱电间设备	62

	13.4 无源器件及天线的安装	62
	13.5 线缆敷设	63
	13.6 标识安装	66
	13.7 安装自查	66
	13.8 系统调试	66
14	系统性能测试	68
	14.1 一般规定	68
	14.2 验收指标	68
	14.3 测试要求	70
15	工程验收	72
	15.1 一般规定	72
	15.2 验收工作流程	72
	15.3 初步验收	73
	15.4 系统试运行	74
	15.5 终期验收	74
16	运维管理	76
	16.1 一般规定	76
	16.2 运维准备/运维交接	78
	16.3 运行管理	78
	16.4 维护管理	79
	16.5 运维保障	80
附录A	专用数字无线对讲通信系统信号源频率使用数量计算方法	84
附录B	专用数字无线对讲通信系统分布式天馈系统性能	88
附录C	专用数字无线对讲通信系统信号覆盖空间损耗计算办法	94
附录D	专用数字无线对讲通信系统业务功能说明	96
附录E	专用数字无线对讲通信系统工程施工与安装流程分阶段项目	98

附录 F 专用数字无线对讲通信系统设备进场核准检验
检测项目 ·· 99
附录 G 专用数字无线对讲通信系统设备安装检验项目 ··· 100
附录 H 专用数字无线对讲通信系统性能检验检测报告表
（第三方检测机构）······································ 101
附录 J 测试方法 ·· 103
附录 K 专用数字无线对讲通信系统工程验收检验
项目表 ·· 107
附录 L 专用数字无线对讲通信系统工程试运行时间表 ····· 109
附录 M 专用数字无线对讲通信系统工程验收记录表 ····· 111
附录 N 专用数字无线对讲通信系统运维记录表 ··········· 115
本标准用词说明 ·· 118
引用标准名录 ·· 119
条文说明 ··· 123

Contents

1 General provisions ·· 1
2 Terms and abbreviations ·· 2
   2.1 Terms ·· 2
   2.2 Abbreviations ··· 5
3 System application ·· 6
   3.1 General requirements ·· 6
   3.2 Industrial buildings ··· 7
   3.3 Civil buildings ·· 8
4 System network architecture ··· 13
   4.1 General requirements ·· 13
   4.2 Signal source ·· 13
   4.3 Distributed active antenna feeder system ··············· 14
5 System functions ·· 18
   5.1 General requirements ·· 18
   5.2 Basic functions ·· 18
   5.3 Business functions ·· 20
6 System design ·· 25
   6.1 General requirements ·· 25
   6.2 Design process ·· 25
   6.3 Design content ·· 27
   6.4 Design delivery ··· 28
7 Signal source ··· 30
   7.1 General requirements ·· 30
   7.2 Frequency range ··· 30

	7.3	Frequency quantity design	31
	7.4	Signal source performance requirements	32
8	Distributed antenna feeder system		34
	8.1	General requirements	34
	8.2	Distributed antenna feeder system performance	34
	8.3	Trunk amplifier and optical fiber repeater	35
	8.4	Antenna feeder	37
	8.5	Point of interface	39
9	Digital terminal		40
	9.1	General requirements	40
	9.2	Digital terminal performance requirements	40
10	Supporting design		42
	10.1	General requirements	42
	10.2	Computer room and weak current room design	42
	10.3	Electrical design	46
	10.4	Wiring and pipe network design	48
11	Electromagnetic environment		53
	11.1	System electromagnetic compatibility	53
	11.2	Electromagnetic environmental sanitation	53
12	Safety protection and grounding		54
	12.1	General requirements	54
	12.2	Operation safety protection	54
	12.3	Lightning protection and grounding	56
	12.4	Energy saving and environmental protection	57
	12.5	Flame retardant and fire resistant	58
13	Construction and installation		61
	13.1	General requirements	61
	13.2	Approach inspection	61

13.3	Machine room and weak current room equipments ·································	62
13.4	Passive devices and antennas installation ············	62
13.5	Cable laying ··	63
13.6	Logo installation ··	66
13.7	Installation self-check ···	66
13.8	System debugging ··	66
14 System performance test ···		68
14.1	General requirements ··	68
14.2	Acceptance index ···	68
14.3	Test requirements ···	70
15 Project acceptance ···		72
15.1	General requirements ··	72
15.2	Acceptance process ···	72
15.3	Preliminary acceptance ··	73
15.4	System test run ···	74
15.5	Final acceptance ··	74
16 Operations and maintenance management ····················		76
16.1	General requirements ··	76
16.2	Training management ··	78
16.3	Operation management ··	78
16.4	Maintenance management ···	79
16.5	Operation and maintenance support ····················	80
Appendix A	Method for calculating the frequency quantity of the private digital mobile radio communication system ···	84
Appendix B	Distribution antenna feeder system performance of the private digital mobile radio communication system ···	88

Appendix C	Method for calculating the signal coverage space loss of the private digital mobile radio communication system	94
Appendix D	Business function descriptions of the private digital mobile radio communication system	96
Appendix E	Construction and installation process phased projects of the private digital mobile radio communication system	98
Appendix F	Equipment entry inspection project of the private digital mobile radio communication system	99
Appendix G	Equipment installation and inspection project of the private digital mobile radio communication system	100
Appendix H	Performance test report of the private digital mobile radio communication system (third-party testing agency)	101
Appendix J	Test methods	103
Appendix K	Project acceptance list of the private digital mobile radio communication system	107
Appendix L	Test run schedule of the private digital mobile radio communication system	109
Appendix M	Preliminary acceptance record of the private digital mobile radio communication system	111
Appendix N	Operation and maintenance record of the private digital mobile radio communication system	115

Explanation of wording in this standard ············· 118
List of quoted standards ························· 119
Explanation of provisions ························ 123

1 总　则

1.0.1 为规范本市各类房屋建筑及其附属设施场所中 150 MHz、400 MHz 频段专用数字无线对讲通信系统及 350 MHz 频段消防应急救援对讲通信系统工程建设，保证通信系统工程的质量和安全，促进行业健康发展，加强公共安全保障，制定本标准。

1.0.2 本标准适用于本市工业与民用建筑工程项目中新建、改建和扩建的专用数字无线对讲通信系统及消防应急救援对讲通信系统工程的设计、施工、测试、验收和运维管理。本标准不适用于无线甚高频(VHF)频段水上移动业务专用对讲通信系统。

1.0.3 本市各类房屋建筑及其附属设施场所建筑红线内 150 MHz、400 MHz 频段专用数字无线对讲通信系统建设时，应满足信息通信畅通且质量优良的要求，并应满足国家和本市应急管理相关部门室内信号覆盖多系统集约化设计的需求。

1.0.4 专用数字无线对讲通信系统和所涉及的系统机电配套工程设施建设应符合本市抗震设防要求。

1.0.5 专用数字无线对讲通信系统所使用的频率应获得国家或本市无线电管理机构的行政许可。专用数字无线对讲通信系统所采用的发射设备应具有国家无线电管理机构颁发的《无线电发射设备型号核准证》。

1.0.6 专用数字无线对讲通信系统的设计、施工、检测、验收和运维管理除应符合本标准外，尚应符合国家、行业和本市现行有关标准的规定。

2 术语和缩略语

2.1 术 语

2.1.1 专用数字无线对讲通信系统 private digital mobile radio communication system

指使用 150 MHz、400 MHz 及 350 MHz 专用频段并采用双频组网方式提供数字无线对讲通信服务的系统,由业务模块、信号源、分布式天馈系统、数字终端所组成。

2.1.2 安全保障通信 security communication

遇突发事件进行应急响应指挥管理、日常执勤执法使用的专用对讲通信。

2.1.3 信号源 signal source

由基站或转发台、合路平台及系统监控所组成的无线电收发信系统。

2.1.4 基站 base station

具有外接天线,作为中心站使用的专用数字对讲设备。

2.1.5 转发台 repeater

具有外接天线接口,用于数字信号中转、功率增强、扩大通信范围的设备。

2.1.6 合路平台 combined platform

指对多个同频段不同频率信号进行整合,形成信号合路及收发共缆传输,并抑制各个频率之间干扰的设备或设备组合。合路平台设备组合包括合路器、分路器、双工器、滤波器等。

2.1.7 分布式天馈系统 distributed antenna feeder system

分布式天馈系统分为分布式有源天馈系统和分布式无源天

馈系统。分布式有源天馈系统由天线、馈线、耦合器、功分器、多系统合路平台及干线放大器(或光纤直放站)组成。分布式无源天馈系统主要由天馈及多系统合路平台组成。

2.1.8 干线放大器 trunk amplifier

指在功率变低而不能满足覆盖要求时的信号放大设备。当信号源设备功率难以达到覆盖要求时,该设备可以放大信号源的功率,以覆盖更多的区域。

2.1.9 光纤直放站 optical fiber repeater

一种射频信号同频放大设备,是基站与数字终端之间的中继转发器。设备产品主要由光近端机、光纤及光远端机等部分组成。光近端机与光远端机之间通过光纤传输射频信号。光纤直放站包括模拟光纤直放站及数字光纤直放站。

2.1.10 天馈 antenna feeder

由天线、无源器件(如信号耦合分配器、功分器、电桥等)、射频线缆组成的分布式无线双向传输网络。

2.1.11 漏泄同轴电缆 leaky coaxial cable

是具有信号传输作用,又具有天线功能,通过对外导体开口的控制,可将受控的电磁波能量沿线路均匀的辐射出去及接收进来,实现对电磁场盲区的覆盖,以达到移动通信畅通的目的。

2.1.12 信号耦合分配器 signal coupling distributor

指射频信号分支器,用于射频信号分路。包括功分器及耦合器。

2.1.13 多系统合路平台 point of interface

在多系统共用天馈时,将多路信号下行合路输出至天馈,接收上行信号分路输出至信号源或直放站的一种设备或设备组合。

2.1.14 数字终端 digital terminal

指用于无线对讲通信的终端设备。包括数字手持台及数字移动台。

2.1.15 数字手持台 digital portable station

具有外接天线接口,便于个人携带(手提或佩戴)并由设备内置电源供电的数字终端设备。

2.1.16 数字移动台 digital mobile station

具有外接天线接口,通常安装在车、船及固定位置上并由其供电的数字终端设备。

2.1.17 冗余备份 redundant backup

采用两个设备或模块互为备份,一个设备或模块故障时,另一个立刻自动接替。

2.1.18 数字集群 digital trunking

指一种采用数字技术共享频率资源、共用信道服务的通信实现模式,及系统内所有可用信道为系统全体数字终端共享,具有自动选择信道功能的技术。

2.1.19 一键呼叫 push to talk

是一种通过按下开关切换发送和接收状态的通信方式,常用于使用半双工方式的通信模式。

2.1.20 组呼迟入 group call late entry

指数字终端因为没有开机或不在服务区等原因,在组呼建立的时候没有能够及时接入,在用户开机或者进入服务区之后,用户可以选择群组加入正在进行的组呼中。

2.1.21 鉴权 authentication

确认移动台、手持台、基站、转发台身份合法性的过程。

2.1.22 遥毙、遥晕、唤醒 kill, stun, revive

遥毙指利用空中接口信令禁用移动台(手持台)的过程,被遥毙的移动台(手持台)无法通过空中接口信令解禁。

遥晕指利用空中接口信令禁用移动台(手持台)的过程。

唤醒指利用空中接口信令解禁移动台(手持台)的过程。

2.1.23 系统设备监控 system and equipment monitoring

指一种对系统及设备监测和控制的技术,通过告警管理、日志管理、信令跟踪、探针、诊断测试实现系统的实时状态管理。

2.1.24 载噪比 carrier noise ratio
接收机输入端有用信号的载波功率与射频噪声功率之比。

2.1.25 无源互调 passive intermodulation
指两个或更多的频率在非线性器件中混合在一起产生杂散信号的现象。

2.1.26 插入损耗 insertion loss
发射机与接收机之间插入电缆或元件而产生的信号损耗。

2.1.27 驻波比 voltage standing wave radio
指驻波波腹电压与波谷电压幅度之比。

2.1.28 隔离度 isolation
为了尽量减少各种干扰对接收机影响,所采取抑制干扰措施的指标。

2.1.29 信道间隔 channel spacing
两个相邻信道标称载频的频率差值。

2.1.30 底噪控制 noise control
通过控制直放站的上行增益,避免给信号源的基站或转发台带来底噪抬升,引起灵敏度下降。

2.1.31 误比特率 bit error ratio
在一定时间内接收到的数字信号中发生差错的比特数与同一时间所接收到的数字信号的总比特数之比。

2.2 缩略语

BER(Bit Error Ratio) 误比特率
CNR(Carrier Noise Ratio) 载噪比
EIRP(Equivalent Isotropic Radiated Power) 等效全向辐射功率
POI(Point Of Interface) 多系统合路平台
PTT(Push To Talk) 一键呼叫
VHF(Very High Frequency) 甚高频

3 系统应用场所

3.1 一般规定

3.1.1 本市工业、民用建筑工程项目中,当出现无线对讲通信信号质量不佳或造成多处通信信号盲区时,其场所应设置专用数字无线对讲通信系统。

3.1.2 下列建筑应设置专用数字无线对讲通信系统:

1 总建筑面积 20 000 m² 及以上的单体公共建筑。
2 总建筑面积 100 000 m² 及以上的群体公共建筑。
3 总建筑面积 3 000 m² 及以上的地下建筑。
4 总建筑面积 50 000 m² 及以上的工业建筑。
5 占地总面积 12 hm² 及以上的园区或景区。
6 建筑高度大于 100 m 的民用建筑。
7 其他需要设置的建筑。

3.1.3 下列建筑应设置消防应急救援专用数字无线对讲通信系统:

1 总建筑面积 50 000 m² 及以上的单体公共建筑。
2 总建筑面积 50 000 m² 及以上且地下楼层数超过 3 层的地下建筑。
3 总建筑面积 50 000 m² 及以上的下列单体厂区建筑:
   1) 冶金石油化工医药类厂区建筑;
   2) 汽车和机电制造类厂区建筑;
   3) 电子工业类厂区建筑;
   4) 航空工业厂区建筑;
   5) 中大型物资仓储库房建筑;

  6）中大型食品加工冷库建筑；

  7）邮政与速递物流分拣中心库房；

  8）厂区和仓库建筑地下室。

  4 建筑高度大于 100 m 的建筑。

3.1.4 专用数字无线对讲通信系统建设和安全保障通信系统信号引入的设置应满足下列使用要求：

  1 应满足建筑场所中物业部门日常工作的使用要求。

  2 应满足建筑场所中本市消防应急救援部门救灾的使用要求。

  3 应满足重要建筑应急响应管理部门的使用要求，引入公安、武警部队、政务共网安全保障通信。

3.1.5 专用数字无线对讲通信系统工程的应用场所除应符合本章的规定外，还应符合现行国家标准《智能建筑设计标准》GB 50314、《民用建筑电气设计标准》GB 51348 和《建筑设计防火规范》GB 50016 的规定。

3.2 工业建筑

Ⅰ 厂区建筑

3.2.1 厂区和仓库建筑场所中专用数字无线对讲通信系统建设和安全保障通信系统信号的引入配置应符合下列规定：

  1 应向各类工业厂区和仓库场所中运维管理、生产组织和发生灾害时指挥救援管理等部门提供信息通信所需基础条件的需求。

  2 应满足各类厂区和仓库场所中生产作业在火灾及爆炸危险环境中系统符合运行安全、节能、环保、信息通信畅通的需求。

  3 应保障各类厂区和仓库场所中生产工作人员在火灾及爆炸危险环境中使用数字终端时人身安全的需求。

3.2.2 厂区和仓库建筑场所专用数字无线对讲通信系统建设和安全保障通信系统信号引入配置应符合表3.2.2的规定。

表3.2.2 厂区和仓库建筑场所专用数字无线对讲通信系统建设和安全保障通信系统信号引入配置的要求

配置要求 建筑类别	使用部门 运营管理与安保	消防应急救援	武警部队
冶金石油化工医药类厂区建筑	●	●	—
汽车和机电制造类厂区建筑	●	●	—
轻工业制造和加工类厂区建筑	⊙	●	—
电子工业类厂区建筑	●	●	—
航空工业厂区建筑	●	●	●
港口码头生产作业与辅助区	●	●	●
其他通用工业制造类厂区建筑	●	●	—
中大型物资仓储库房	⊙	●	—
中大型食品加工冷库	⊙	●	—
邮政与速递物流分拣中心库房	⊙	●	—
厂区和仓库建筑地下室	●	●	—
厂区和仓库总体	⊙	—	—

注：1. 表中符号"●"为应配置，"⊙"为宜配置，"○"为可配置，"—"为不需配置。
  2. 表中各类厂区建筑内包含厂区自用的仓储库房。
  3. 表中消防应急救援对讲通信建设为单体总建筑面积不少于50 000 m²的厂区建筑。

3.3 民用建筑

3.3.1 住宅建筑中专用数字无线对讲通信系统建设和安全保障通信系统信号引入配置应符合表3.3.1的规定。

表 3.3.1 住宅建筑中专用数字无线对讲通信系统建设和安全保障通信系统信号引入配置的要求

建筑类别	配置要求 使用部门	运营管理与安保	消防应急救援
居民住宅小区		○	○
居民住宅楼和公寓	建筑高度 100 m 及以下高层建筑中的公共部位	○	○
	建筑高度 100 m 以上高层建筑楼层中的公共部位和避难层	●	●
	会所中的公共场所	⊙	○
建筑地下室		●	⊙
室外总体		⊙	—

注:1. 表中符号"●"为应配置,"⊙"为宜配置,"○"为可配置,"—"为不需配置。
2. 表中公寓建筑包括酒店式公寓建筑。

3.3.2 公共建筑中专用数字无线对讲通信系统建设和安全保障通信系统信号引入配置应符合表 3.3.2 的规定。

表 3.3.2 公共建筑中专用数字无线对讲通信系统建设和安全保障通信系统信号引入配置的要求

建筑类别	配置要求 使用部门	运维管理与安保	消防应急救援	公安	武警	政务共网
办公建筑	通用办公建筑	●	●	—	—	—
	党政机关办公用房	●	●	○	○	⊙
	超高层商务办公建筑	●	●	⊙	—	○
司法系统建筑	人民法院、人民检察院	●	●	○	○	○
	司法局	●	●	○	—	○
	公安与国家安全局	●	●	●	—	⊙

续表3.3.2

建筑类别	配置要求 使用部门	运维管理与安保	消防应急救援	公安	武警	政务共网
旅馆建筑	国家宾馆	●	●	●	●	●
	星级宾馆	●	●	○	—	—
	公寓式酒店、旅游度假村	●	●	—	—	—
文化建筑	图书馆、档案馆、文化馆	●	●	—	—	—
	博物馆、美术馆	●	●	●	—	—
	科技馆、天文馆	●	●	●	—	—
	科学礼堂/会堂	●	●	●	—	—
观演建筑	剧院、歌剧院、音乐厅	●	●	⊙	—	⊙
	艺术或文化中心、电影院	●	●	⊙	—	⊙
	卡拉OK歌舞娱乐场所	●	●	⊙	—	—
	广播电视塔	●	●	⊙	○	⊙
会展建筑		●	●	●	⊙	●
教育建筑	普通全日制高等学校高等院校	●	●	—	—	—
	高级中学、高级职业中学	⊙	⊙	—	—	—
	青少年活动中心、少年宫中心/少年宫	●	●	○	—	—
	青少年校外活动营地	●	●	○	—	—
科学研究建筑		●	●	—	○	—
金融建筑	中国人民银行上海分行、清算中心	●	●	⊙	●	—
	证券期货外汇贵金属商品交易所	●	●	⊙	—	—
	商业银行上海分行	●	●	⊙	—	—
	保险业务及后援中心、银行卡园区	●	●	⊙	—	—

续表3.3.2

建筑类别	配置要求 使用部门		运维管理与安保	消防应急救援	公安	武警	政务共网
交通建筑	民用航空机场、铁路旅客车站		⊙	●	●	●	●
	港口客运站、汽车客运站		●	●	●	●	⊙
	城市轨道交通、磁浮列车站		⊙	●	●	●	●
	全封闭汽车库、修车库、停车场		●	●	⊙	—	—
医疗建筑	综合医院、中医医院、专科医院		●	●	⊙	—	—
	疗养院所、疗养中心		●	●	⊙	—	—
	疾病预防控制中心		●	●	⊙	—	○
体育建筑	体育场(馆)、足球场、游泳馆、游泳池	特级、甲级	●	●	●	●	●
		乙级、丙级	●	●	⊙	○	○
	体育运动健身场所		⊙	⊙	⊙	—	—
商店建筑	购物中心、百货公司、超级市场、餐饮商业街或商城		●	●	—	—	—
	服装批发、建材及装饰、数码电脑家电与农贸市场		●	●	—	—	—
通信建筑	通信业务管理用房		●	●	—	—	—
	通信业务生产用房		●	●	—	○	—
	数据中心用房楼		●	●	—	—	—
民政建筑	儿童福利院、老年人设施建筑		●	●	—	—	—
	殡仪馆、公墓建筑		⊙	⊙	○	—	—
公园游乐园区	综合公园、专类公园		●	⊙	○	—	—
	自然保护区及风景区		●	⊙	○	—	—
	游乐园		●	⊙	○	—	—
宗教建筑			⊙	⊙	—	—	—
地下空间建筑	城市地下商业综合体		●	●	○	—	—
	地下综合管廊、地下能源中心站房		●	●	—	—	—

续表 3.3.2

建筑类别	配置要求 \ 使用部门	运维管理与安保	消防应急救援	公安	武警	政务共网
地下空间建筑	城市地下车行隧道	●	●	⊙	—	—
	地下人行观光隧道	●	●	⊙	○	○
	地下停车库及出租车站	●	●	○	—	—
特殊建筑	广播电视大楼	●	●	○	○	⊙
	电力调度中心建筑	●	●	—	—	○
	防灾指挥调度中心建筑	●	●	○	○	●
	人民防空工程建筑	●	●	⊙	—	●
	特殊工程控制中心与指挥站房	●	●	⊙	○	●

注：1. 表中符号"●"为应配置，"⊙"为宜配置，"○"为可配置，"—"为不需配置。
2. 表中港口客运站不包含无线甚高频(VHF)频段水上移动业务专用对讲通信系统。
3. 表中各类建筑中专用数字无线对讲通信系统设备的配置需求，应在系统建设时征询本市相关部门(含消防应急救援、公安、武警、国安、应急管理等使用部门)，且予以确认。

4 系统网络架构

4.1 一般规定

4.1.1 专用数字无线对讲通信系统网络架构应由业务模块、信号源、分布式天馈系统、数字终端所组成(图4.1.1)。

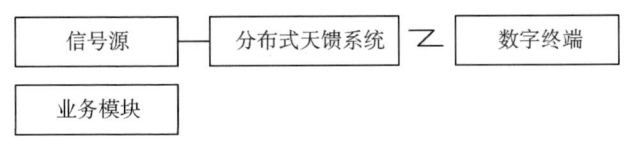

图 4.1.1 系统网络架构

4.1.2 系统应根据功能需求选择配置相应的业务功能单元,实现语音对讲以外的扩展通信或管理功能。业务功能应符合本标准第5章的相关规定。

4.2 信号源

4.2.1 专用数字无线对讲通信系统信号源应由基站或转发台、合路平台及系统监控所组成,并可采用信号源组网架构模式(图4.2.1)。

4.2.2 信号源与分布式有源天馈系统的接口应为单路收发合路的射频端口。

4.2.3 信号源应具有系统监控功能,并符合本标准第5章的有关规定。

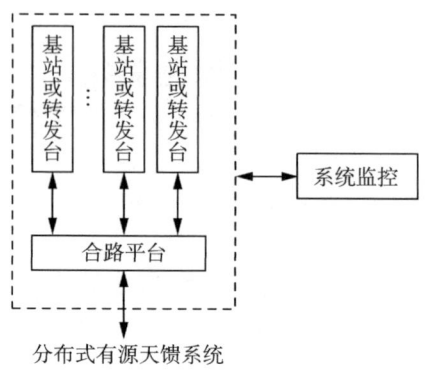

图 4.2.1 信号源组网架构

4.3 分布式天馈系统

4.3.1 专用数字无线对讲通信系统中分布式有源和分布式无源天馈系统宜符合下列要求：

　　1 分布式有源天馈系统宜由干线放大器或光纤直放站、多系统合路平台（POI）和天馈所组成。

　　2 分布式无源天馈系统宜由多系统合路平台（POI）和天馈所组成。

4.3.2 无线对讲信号通过分布式天馈系统实现信号在指定区域内的覆盖，当需要对系统信号覆盖范围进行扩展时，宜采用分布式有源天馈系统，通过干线放大器或光纤直放站扩展信号覆盖区域。

4.3.3 采用分布式有源天馈系统时，可选择干线放大器组网方式或光纤直放站组网方式，并应符合下列规定：

　　1 当干线放大器采用树型组网架构时（图 4.3.3-1），可通过信号分配获取信号源信号，经过设备处理后信号传输至天馈。

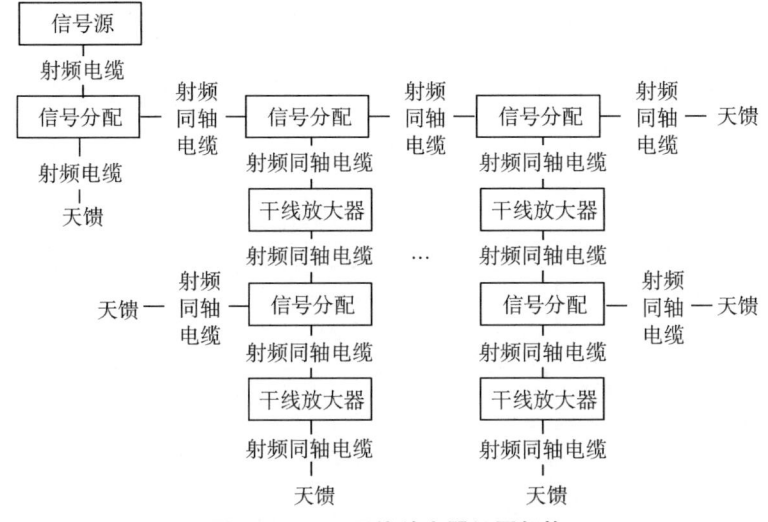

图 4.3.3-1 干线放大器组网架构

2 当采用模拟光纤直放站进行组网时,应采用模拟光纤直放站近端机与远端机星型组网架构的方式(图 4.3.3-2)。

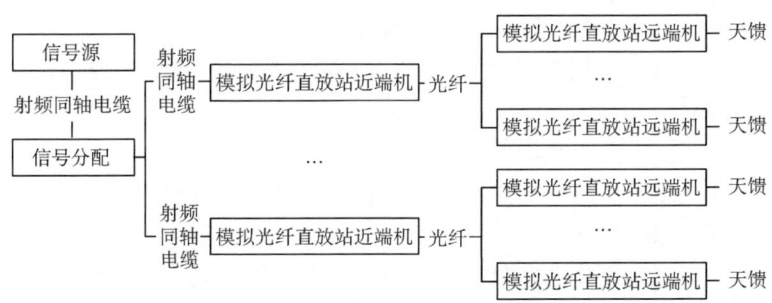

图 4.3.3-2 模拟光纤直放站组网架构

3 当采用数字光纤直放站时,可采用数字光纤直放站近端机与远端机级联或环联组网架构的方式(图 4.3.3-3)。

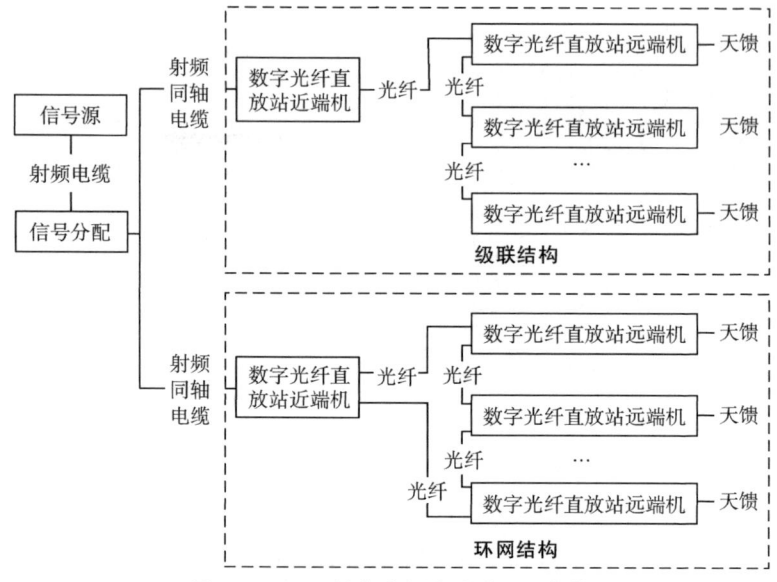

图 4.3.3-3 数字光纤直放站组网架构

4 系统可按照项目的实际情况,同时采用干线放大器和光纤直放站混合组网架构的方式。

4.3.4 天馈的组网应符合下列规定:

1 天馈由信号耦合分配器、射频同轴电缆、漏泄同轴电缆、光纤线缆、天线等设备所组成。

2 天馈组网架构的方式(图4.3.4)。

3 天馈组网应根据建筑物室内或室外应用场所环境选用相对应的设备进行组网,并符合下列规定:

   1)当应用场所为室内及地下封闭区域时,宜采用低功率多天线的组网方式;
   2)当应用场所为室外露天区域时,宜采用单点或多点室外天线的组网方式;
   3)当应用场所为隧道或狭长型的地下封闭区域时,宜采用漏泄同轴电缆的方式。

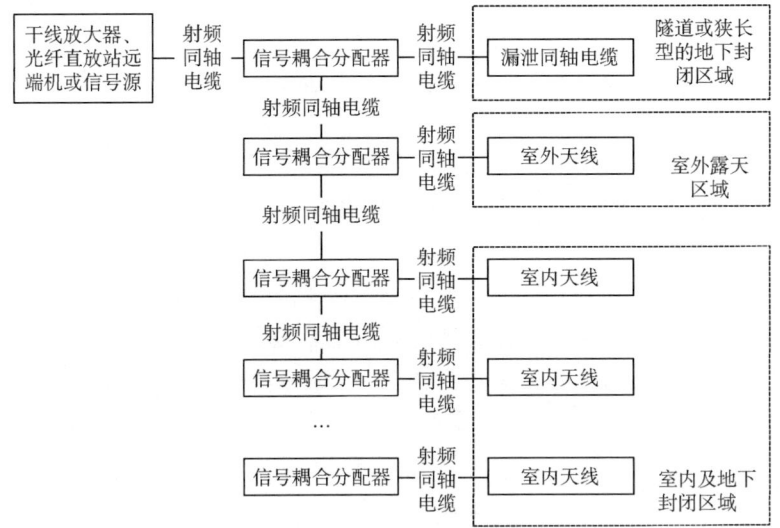

图 4.3.4 天馈组网架构

4.3.5 多个系统共用一个覆盖区域的天馈时,应采用多系统合路平台(POI)实现集约化多个系统信号合路,共用天馈的组网架构(图 4.3.5)。

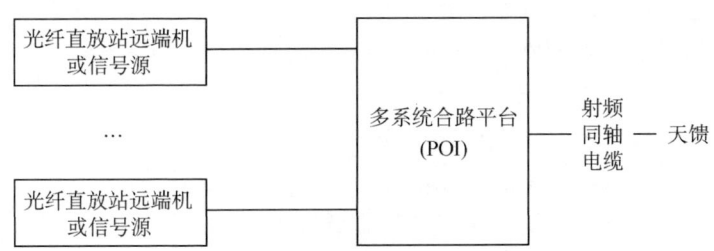

图 4.3.5 多系统信号合路组网架构

5 系统功能

5.1 一般规定

5.1.1 专用数字无线对讲通信系统功能应符合建筑运营及安全管理的通信需要，并按需配置合理的通信功能。

5.1.2 系统功能涉及应急管理、安全保障通信系统时，其所具备的功能应符合使用部门的要求。

5.2 基本功能

5.2.1 专用数字无线对讲通信系统应按照使用要求设定系统基本通信功能，并符合下列规定：

1 应具有一键呼叫(PTT)功能。
2 应支持单呼、组呼及全呼通信模式。
3 应具有通话限时功能。
4 应具有组呼迟入功能。
5 应具有直通呼叫功能。
6 宜具有短消息传输功能。
7 宜具有来电显示功能。
8 宜具有遇忙提示或繁忙排队功能。
9 宜具有脱离网络提示功能。
10 宜具有通话组扫描、监听、强拆功能。
11 宜具有紧急呼叫功能。
12 采用数字集群系统时，宜具有数字终端注册和注销功能。

5.2.2 系统应能实现系统通信安全及具有通信加密功能，并符合下列规定：

 1 应具有数字终端遥毙、遥晕、唤醒功能。

 2 宜具有通信加密功能。

 3 采用数字集群系统时，宜具有鉴权功能。

5.2.3 系统应具有系统设备监控及系统管理功能，并符合下列规定：

 1 应具有对信号源基站、信号源转发台、光纤直放站实时数据状态的监测功能。

 2 应具有对信号源基站、信号源转发台、光纤直放站的告警分类显示功能。

 3 应具有系统通信记录、存储与历史查询的功能。

 4 应具有用户管理及用户权限设定的功能。

 5 宜实现告警信息设置、当前告警处理、设备参数设置。

 6 宜具有数字终端的管理能力，并具有数字终端位置提示、呼叫历史、在线/离线状态和数量显示。

 7 宜具有天馈状态的监测能力。

 8 宜通过地图或系统拓扑方式呈现系统设备。

 9 宜具有对外数据接口，支持综合管理平台的对接需求。

 10 宜具有频率管理所需的数据资料上传能力。

 11 可实现当前及以往时间上系统容量及频率信道使用运行状况的显示。

 12 可实现设备管理本地或云端管理模式。

5.2.4 当专用数字无线对讲通信系统涉及消防应急救援对讲通信系统建设时，消防应急救援对讲通信系统应与本市消防应急救援部门的消防救援综合管理平台对接，实现建筑项目中消防应急救援对讲通信系统信号源及光纤直放站设备在消防救援综合管理平台上的在线监控。

5.3 业务功能

5.3.1 专用数字无线对讲通信系统宜具有实现业务功能扩展的能力,并符合下列规定:

  1 宜实现对系统内对讲机终端集中调度派遣和语音通信的全网录音功能。

  2 宜实现系统与建筑内相关的安全系统报警数据互联,报警数据应能在数字终端上显示。

  3 宜实现数字终端室内外定位功能,应符合附录E的相关规定进行合理配置。

  4 可实现数字终端在室内外巡逻路线的上报和追踪管理。

5.3.2 业务功能应根据建筑应用场所类型和不同运营模式进行合理配置,并应符合表5.3.2-1~表5.3.2-3的规定。

表5.3.2-1 厂区和仓库建筑中专用数字无线对讲通信系统功能配置要求

建筑类别 \ 配置要求 \ 业务功能要求	调度录音	报警及数据互联	巡逻管理	人员定位
冶金石油化工医药类厂区建筑	●	◉	○	●
汽车和机电制造类厂区建筑	●	◉	○	—
轻工业制造和加工类厂区建筑	●	◉	○	—
电子工业类厂区建筑	●	◉	○	—
航空工业厂区建筑	●	◉	○	—
港口码头生产作业与辅助区	●	◉	○	—
其他通用工业制造类厂区建筑	—	◉	○	—
中大型物资仓储库房	—	—	○	—
中大型食品加工冷库	—	—	○	—

续表 5.3.2-1

配置要求 建筑类别	业务功能要求	调度录音	报警及数据互联	巡逻管理	人员定位
邮政与速递物流分拣中心库房		—	—	○	—
厂区和仓库建筑地下室		—	—	○	—
厂区和仓库总体		—	—	○	—

注：表中符号"●"为应配置，"⊙"为宜配置，"○"为可配置，"—"为不需配置。

表 5.3.2-2 住宅建筑中专用数字无线对讲通信系统功能配置要求

配置要求 建筑类别		业务功能要求	报警及数据互联	巡逻管理
居民住宅小区			—	○
居民住宅楼和公寓	建筑高度 100 m 及以下高层建筑中的公共部位		⊙	○
	建筑高度 100 m 以上高层建筑楼层中的公共部位和避难层		●	○
	会所中的公共场所		—	○
建筑地下室			—	○
室外总体			—	○

注：表中符号"●"为应配置，"⊙"为宜配置，"○"为可配置，"—"为不需配置。

表 5.3.2-3 公共建筑中专用数字无线对讲通信系统功能配置要求

配置要求 建筑类别		业务功能要求	调度录音	报警及数据互联	巡逻管理	人员定位
办公建筑	通用办公建筑		—	●	○	—
	党政机关办公用房		—	●	○	—
	超高层商务办公建筑		—	●	○	○

21

续表 5.3.2-3

建筑类别	配置要求 / 业务功能要求	调度录音	报警及数据互联	巡逻管理	人员定位
司法系统建筑	人民法院、人民检察院	○	●	○	—
	司法局	○	●	○	—
	公安与国家安全局	●	●	○	—
旅馆建筑	国家宾馆	—	●	○	●
	星级宾馆	—	●	○	—
	公寓式酒店、旅游度假村	—	●	○	—
文化建筑	图书馆、档案馆、文化馆	—	●	○	—
	博物馆、美术馆	—	●	○	●
	科技馆、天文馆	—	●	○	—
	科学礼堂/会堂	—	●	○	—
观演建筑	剧院、歌剧院、音乐厅	—	●	○	—
	艺术或文化中心、电影院	—	⊙	○	—
	卡拉OK歌舞娱乐场所	—	—	○	—
	广播电视塔	—	●	○	—
会展建筑		●	●	○	⊙
教育建筑	普通全日制高等学校高等院校	—	⊙	○	—
	高级中学、高级职业中学	—	—	○	—
	青少年活动中心、少年宫中心/少年宫	—	—	○	—
	青少年校外活动营地	—	—	—	—
科学研究建筑		—	●	○	⊙
金融建筑	中国人民银行上海分行、清算中心	—	●	○	—
	证券期货外汇贵金属商品交易所	—	●	○	—

续表 5.3.2-3

建筑类别	配置要求		调度录音	报警及数据互联	巡逻管理	人员定位
金融建筑	商业银行上海分行		—	●	◯	—
	保险业务及后援中心、银行卡园区		—	●	◯	⊙
交通建筑	民用航空机场、铁路旅客车站		●	●	◯	⊙
	港口客运站、汽车客运站		●	●	◯	⊙
	城市轨道交通、磁浮列车站		●	●	◯	⊙
	全封闭汽车库、修车库、停车场		●	●	◯	⊙
医疗建筑	综合医院、中医医院、专科医院		—	●	◯	—
	疗养院所、疗养中心		—	●	◯	—
	疾病预防控制中心		—	●	◯	—
体育建筑	体育场(馆)、足球场、游泳馆、游泳馆	特级、甲级	●	●	◯	—
		乙级、丙级	⊙	●	◯	—
	体育运动健身场所		⊙	⊙	◯	—
商店建筑	购物中心、百货公司、超级市场、餐饮商业街或商城	大型	—	●	◯	—
		中型	—	⊙	◯	—
	服装批发、建材及装饰、数码电脑家电与农贸市场	大型	—	●	◯	—
		中型	—	⊙	◯	—
通信建筑	通信业务管理用房		—	●	◯	—
	通信业务生产用房		—	●	◯	◯
	数据中心用房楼		—	●	◯	—
民政建筑	儿童福利院、老年人设施建筑		—	●	◯	⊙
	殡仪馆、公墓建筑		—	⊙	◯	—

续表 5.3.2-3

建筑类别	配置要求	调度录音	报警及数据互联	巡逻管理	人员定位
公园游乐园区	综合公园、专类公园	⊙	⊙	○	—
	自然保护区及风景区	⊙	●	○	—
	游乐园	⊙	●	○	—
宗教建筑		⊙	●	○	⊙
地下空间建筑	城市地下商业综合体	●	●	○	⊙
	地下综合管廊、地下能源中心站房	●	●	○	⊙
	城市地下车行隧道	●	●	○	⊙
	地下人行观光隧道	—	●	○	
	地下停车库及出租车站	—	●	○	
特殊建筑	广播电视业务大楼	●	●	○	
	电力调度中心建筑	●	●	○	
	防灾指挥调度中心建筑	●	●	○	
	人民防空工程建筑	—	●	○	
	特殊工程控制中心与指挥站房	—	●	○	

注：表中符号"●"为应配置，"⊙"为宜配置，"○"为可配置，"—"为不需配置。

6 系统设计

6.1 一般规定

6.1.1 专用数字无线对讲通信系统的设计应结合单体或群体建筑中结构的特点,保证系统质量符合国家相关规定。

6.1.2 设计应满足系统覆盖、容量和质量等建设目标的要求。

6.1.3 系统设计应评估建筑架构及建筑安全需求,规划必要的应急管理相关部门通信系统信号引入;应急管理、安全保障通信系统设计应符合本标准第 3 章的规定。

6.1.4 系统设计应按照使用单位网络建设及未来发展需求,充分考虑系统业务增长扩容的支持能力和应急管理、安全保障通信系统集约化合路的架构模式。

6.1.5 系统设计应综合考虑室内外及建筑物公共空间的无线信号覆盖,并满足引入的无线电频段要求和指标要求。

6.1.6 系统设计所采用的通信制式、频率使用范围和无线电辐射功率等指标要求应符合本市无线电管理机构的规定。

6.1.7 系统设计文件的编制应满足各个设计阶段的技术文件要求。

6.2 设计流程

6.2.1 专用数字无线对讲通信系统设计采用的流程与设计步骤应符合系统设计流程(图 6.2.1)。

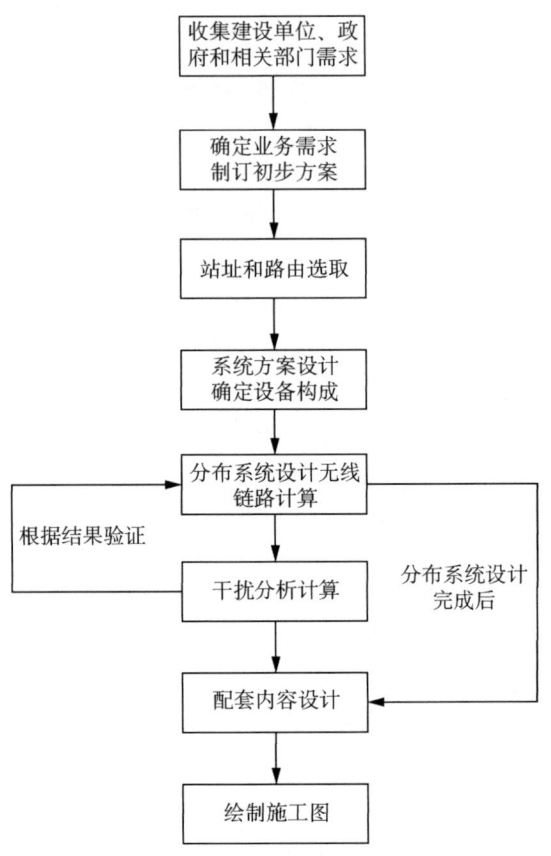

图 6.2.1 系统设计流程图

6.2.2 系统设计流程应符合下列规定：

1 系统设计阶段应包括方案设计（可行性研究）、总体设计、施工图设计、施工图深化设计等，并应根据工程项目进度合理细化各设计阶段文件的内容。

2 各设计阶段文件内容和深度应满足项目决策及实施的要求。

3 规模较小的建筑工程项目或简易系统的项目可简化各设

计阶段文件内容。

4 系统设计文件中图形符号应符合现行行业标准《通信工程制图与图形符号规定》YD/T 5015 的规定，计量单位应采用法定计量单位，自制图形符号应附有说明。

5 系统设计文件中采用的术语应符合现行国家和行业等标准的有关规定。

6 提供的阶段设计交付资料应符合本标准第 6.4 节的规定。

6.2.3 系统设计要求应符合下列规定：

1 系统应根据建设单位情况和要求，进行业务需求预测及系统覆盖需求分析，合理规划系统容量所需的频率使用数量。

2 应合理规划系统中信号向空间辐射的功率值，设计合理的发射功率和接收灵敏度，满足目标覆盖区域内系统技术指标要求。

3 系统规划引入应急管理、安全保障通信系统，应在设计阶段与使用部门确认信号源的引入方式，引入系统设计所采用的通信制式、频率许可范围和无线电功率等指标应符合用户使用系统的要求。

4 当具备工程现场踏勘条件时，应对工程项目进行现场前期勘察，对建筑内典型结构及室外环境进行无线环境模拟测试，测试建筑内无线通信网络的覆盖现状。

5 应做到无线覆盖场强均匀，并有足够的边缘信号强度，合理选择天线的类型和规划天线的输出功率及布放位置。

6.3 设计内容

6.3.1 专用数字无线对讲通信系统设计内容应包括组网架构、功能、业务功能、信号源、分布式天馈系统、数字终端、设备规格及性能选型、配套设施、系统电磁环境、安全与节能环保设计。

6.3.2 系统设计内容除应符合本章规定外,还应符合本标准下列章节的有关规定:
 1 系统设计的组网结构应符合第 4 章的规定。
 2 系统设计选择功能类型应符合第 5 章的规定。
 3 系统采用频率应符合第 7.2 节的规定。
 4 系统设计容量应符合第 7.3 节的规定。
 5 信号覆盖性能应符合第 8.2 节的规定。
 6 数字终端性能应符合第 9.2 节的规定。

6.4 设计交付

6.4.1 专用数字无线对讲通信系统方案设计(可行性研究)阶段,设计交付资料应包含下列文件:
 1 系统设计方案。
 2 系统组网架构图。
 3 系统建设概预算。

6.4.2 总体设计阶段,设计交付资料应包含下列文件:
 1 系统设计说明。
 2 系统网络结构图。
 3 设备平面布置点位图。
 4 设备清单。
 5 工程量清单。

6.4.3 施工图设计阶段,设计交付资料应包含下列文件:
 1 系统设计说明。
 2 确定相关设备材料的性能系数。
 3 信号链路设计系统图。
 4 设备及线缆敷设平面布置安装图。
 5 设备安装大样图及机柜布置图。
 6 光缆布线图或光路由表。

6.4.4 施工图深化设计阶段,设计交付资料应包含下列文件:
 1 深化施工图。
 2 系统设备清单。
 3 工程量清单。
 4 系统建设决算。

7 信号源

7.1 一般规定

7.1.1 专用数字无线对讲通信系统信号源设计及使用的频率应满足容量需求、覆盖需求和干扰隔离度要求。

7.1.2 系统信号源内存在引入应急管理、安全保障通信系统基站或转发台时,信号源架构应根据引入系统的整体网络结构设计,并满足各使用部门的需求。

7.1.3 信号源基站或转发台的射频技术指标应符合现行国家标准《专用数字对讲设备技术要求和测试方法》GB/T 32659 中的规定。

7.2 频率范围

7.2.1 专用数字无线对讲通信系统信号源使用的频率及频率范围和信道间隔应符合国家与本市无线电管理机构的有关规定,并应按表 7.2.1 的要求设置。

表 7.2.1 专用数字对讲频段列表

频段	上行链路频段	下行链路频段	上下行频率间隔	信道间隔	系统应用分类
150 MHz 频段	140.312 5 MHz ~ 141.800 0 MHz	146.012 5 MHz ~ 147.500 00 MHz	5.7 MHz	12.5 kHz	建筑管理
	157.387 5 MHz ~ 160.600 0 MHz	163.087 5 MHz ~ 166.300 0 MHz			建筑管理

续表7.2.1

频段	上行链路频段	下行链路频段	上下行频率间隔	信道间隔	系统应用分类
400 MHz 频段	411.012 5 MHz ~ 413.475 0 MHz	421.012 5 MHz ~ 423.475 0 MHz	10.0 MHz	12.5 kHz	建筑管理
350 MHz 频段	351.000 0 MHz ~ 356.000 0 MHz	361.000 0 MHz ~ 366.000 0 MHz	10.0 MHz	12.5 kHz 或 25 kHz	消防应急救援
370 MHz 频段	372.000 0 MHz ~ 376.000 0 MHz	382.000 0 MHz ~ 386.000 0 MHz	10.0 MHz	12.5 kHz 或 25 kHz	消防应急救援

7.2.2 当系统引入安全保障通信系统基站或转发台时,其所使用的专用频段应符合国家和本市无线电管理机构的有关规定,并应按表7.2.2的要求设置。

表7.2.2 安全保障通信专用数字对讲频段列表

系统应用分类	上行链路频段	下行链路频段	上下行频率间隔	频率带宽
公安	351.0 MHz~356.0 MHz	36.01 MHz~366.0 MHz	10.0 MHz	依据引入系统制式要求
武警	372.0 MHz~376.0 MHz	382.0 MHz~386.0 MHz	10.0 MHz	
政务	816.0 MHz~821.0 MHz	861.0 MHz~866.0 MHz	45.0 MHz	

7.3 频率数量设计

7.3.1 专用数字无线对讲通信系统信号源的设计应遵循节约频率资源和提高频谱使用效率的原则,并应符合系统使用单位近期和远期应用业务发展需求。

7.3.2 系统基站或转发台应采用时分多址技术，并保证每对频率应划分出不少于2个时隙，以满足提高频谱的使用效率和多路通信的需求。

7.3.3 系统无线电频率使用率应由频段占用度、区域覆盖率、用户承载率和年时间占用度技术指标进行综合评估，并应符合工信部的频率使用要求。

7.3.4 系统基站或转发台需提高频率资源的利用率。当系统使用载波数量为3个及以上时，系统应采用数字集群模式。

7.3.5 信号源频率设计数量应结合话务需求、无线环境和组网形式开展设计，具体计算方法应依照本标准附录A的规定进行。

7.3.6 引入安全保障通信系统频率的数量应满足接入系统正常运行及实际使用的要求，并应按照系统使用部门所需要求进行频率数量的设计。

7.3.7 系统建设中存在消防应急救援对讲通信时，应设置消防应急救援对讲通信系统转发台，并具有数模兼容能力。

7.3.8 系统建设中的载波容量应符合本市消防应急救援对讲通信系统使用频率要求，其载波数量应不小于3个。

7.4 信号源性能要求

7.4.1 专用数字无线对讲通信系统信号源应满足系统整体功能达成以及可靠通信的指标要求。

7.4.2 信号源基站或转发台宜具有动态接收电平门限设置能力，防止外界信号干扰。

7.4.3 信号源应具有合理的合路平台设计，并符合下列规定：
 1 应具有多载波信号收发合路输出的能力。
 2 应具有干线放大器或光纤直放站接入的能力。
 3 应根据基站或转发台收发信机性能及项目环境设计合理的隔离度。

7.4.4 信号源基站或转发台应符合交流电压 220 V 供电方式,并宜具有备用供电接入能力与主备供电转换能力。

7.4.5 信号源所组成的设备宜按照系统工程所需要求在通用 19 in 标准机柜内安装。

7.4.6 信号源所组成的设备应能在工作温度 $-10℃\sim +60℃$ 和相对湿度 $20\%\sim 80\%$ 的环境条件下正常工作。

7.4.7 信号源应按照建筑应用场所的规模和保障运行可靠性需求进行冗余备份设置,并符合下列规定:

1 在普通或规模较小的建筑应用场所,宜设置主要功能模块的冗余备份。

2 在重要或规模大或特大型规模的建筑应用场所,宜设置主要功能模块和电源模块的冗余备份。

3 基站具有数字集群需求进行信道控制时,宜加设信道控制的冗余备份。

4 基站具有数字集群需求进行服务器设置时,宜加设服务器的冗余备份。

8 分布式天馈系统

8.1 一般规定

8.1.1 专用数字无线对讲通信系统分布式天馈系统组成应符合本标准第4章的规定。

8.1.2 分布式天馈系统宜根据建筑的内部构造、环境条件、覆盖要求选择合适的产品和路由,减少对建筑物结构和装饰的影响。

8.2 分布式天馈系统性能

8.2.1 专用数字无线对讲通信系统分布式天馈系统所覆盖区域场所信号质量应符合下列规定:

  1 系统覆盖区域内95%位置的接收信号强度应不低于—95 dBm。

  2 机房、变电所等电气化区域(信号干扰区域)95%位置的接收信号强度应不低于—85 dBm。

  3 系统所有覆盖区域载噪比应不低于12 dB。

  4 应合理设置辐射点输出端口的功率,辐射点的最大辐射场强应符合现行国家标准《电磁环境控制限值》GB 8702的规定。

  5 室内天线对外辐射信号功率应不大于15 dBm。

8.2.2 分布式天馈系统所覆盖区域场所语音通话质量合格区域应大于95%,测试方法及指标符合本标准第14.2节的规定。

8.2.3 分布式天馈系统的容量及承载能力应能支撑系统的正常运行。

8.3 干线放大器及光纤直放站

8.3.1 专用数字无线对讲通信系统的覆盖区域扩增应采用干线放大器或光纤直放站实现。

8.3.2 干线放大器及光纤直放站的组网形式应符合本标准第4.3节的规定。

8.3.3 干线放大器及光纤直放站应通过有线方式获取信号源信号，不得通过无线接收方式获取信号源信号。设备级联应不超过2次。

8.3.4 采用干线放大器组网方式应符合下列规定：

1 干线放大器组网方式的选用应根据设备性能控制系统环境上行底噪，并计算配置合理的设备数量。

2 信号源与干线放大器之间连接宜采用树型或星型架构。

3 干线放大器设计性能应符合本标准附录B.0.1的规定。

4 特殊行业或环境下应考虑设备的防爆、防水防尘、防酸碱、防腐蚀等指标。

8.3.5 采用光纤直放站组网方式应符合下列规定：

1 光纤直放站获取信号源信号宜采用专用的信号分配设备。

2 光纤直放站近端机下挂远端机数量应满足系统安全可靠的原则。

3 光纤直放站近端机与远端机之间应采用低损耗光纤进行信号传递。模拟光纤直放站近端机与远端机之间通信光路应采用星型架构组网方式。数字光纤直放站可采用环网或级联架构组网方式。光路性能指标应满足分布式天馈系统整体的指标要求。

4 光路采用环网或级联架构时，数字光纤直放站远端应具有旁路功能。

5 光纤直放站组网方式的选用应根据设备性能控制系统环

境底噪，合理配置设备数量，底噪控制设计应符合本标准附录B.0.2 的规定。

　　6 应具备远程监测管理接口，提供的远程监控数据应符合本标准第 5 章的规定。

　　7 宜具有本地设备调试能力，近端机与远端机的连接光通道宜实现监控数据与射频信号的复用。

　　8 光纤直放站设计性能应符合本标准附录 B.0.2 的规定。

　　9 特殊行业或环境下应考虑设备的防爆、防水防尘、防酸碱、防腐蚀等指标。

8.3.6 系统采用直放站的组网架构应按照建筑类型场所进行设置，并符合表 8.3.6 的规定。

表 8.3.6　建筑类型场所中直放站组网架构

建筑类型场所		总建筑面积或建筑高度	直放站组网架构
工业建筑	单体建筑	面积 50 000 m² ~ 100 000 m²	干线放大器、光纤直放站或干线放大器、光纤直放站混合模式
		面积 100 000 m² 以上	光纤直放站
	群体建筑	—	光纤直放站
住宅建筑	单体建筑	面积 20 000 m² ~ 100 000 m²	干线放大器、光纤直放站或干线放大器、光纤直放站混合模式
		高度小于 100 m	干线放大器、光纤直放站或干线放大器、光纤直放站混合模式
		高度大于 100 m	光纤直放站
	群体建筑	—	光纤直放站
公共建筑	单体建筑	面积 20 000 m² ~ 100 000 m²	干线放大器、光纤直放站或干线放大器、光纤直放站混合模式
		面积 100 000 m² ~ 200 000 m²	干线放大器、光纤直放站或干线放大器、光纤直放站混合模式
		面积 200 000 m² 以上	光纤直放站
		高度大于 100 m	光纤直放站

续表8.3.6

建筑类型场所		总建筑面积或建筑高度	直放站组网架构
公共建筑	群体建筑	面积100 000 m² 以上	干线放大器、光纤直放站或干线放大器、光纤直放站混合模式
		面积100 000 m²～200 000 m²	光纤直放站
地下空间建筑		面积3 000 m²～100 000 m²	干线放大器、光纤直放站或干线放大器、光纤直放站混合模式
		面积100 000 m² 以上	光纤直放站
园区、景区		—	光纤直放站

8.3.7 用于建筑类型场所中安全保障通信系统的直放站内关键模块宜采用冗余热备份方式。

8.4 天 馈

8.4.1 专用数字无线对讲通信系统天馈的器件宜由信号耦合分配器、射频同轴电缆、漏泄同轴电缆、光纤线缆、天线等设备所组成。

8.4.2 天馈应根据覆盖环境选择合理的组网方式，并符合本标准第4.3节的规定。

8.4.3 天馈设备配置的位置、对外辐射信号电平强度应满足系统目标信号覆盖区域的指标要求，并应降低对非目标信号覆盖区域的影响。

8.4.4 天馈的布局应考虑系统的上行及下行链路平衡。

8.4.5 室内及地下封闭空间信号覆盖的天馈应符合下列规定：

  1 应根据建筑物特点、可实施性、满足通话质量及覆盖信号强度，进行天馈路由设计。

  2 应综合考虑系统室内环境覆盖、建筑内部构造、电磁辐射等要求，应采用低功率多点布局的方式。

3 采用天线覆盖时,分配至单个天线的信号强度应不高于15 dBm,各天线功率应均衡配置,同一信号源或直放站携带的各点天线的信号强度差异应不大于 5 dB。

4 采用天线覆盖时,信号辐射点位设计应进行覆盖范围理论计算,并且对于项目边界点位设计应进行信号越界分析,其中空间损耗计算宜采用弗里斯传输公式配合隔断修正参数推算方式,并符合本标准附录 C 的规定。

8.4.6 室外开阔空间信号覆盖的天馈分布应符合下列规定:

1 室外信号覆盖宜首选采用信号源的信号方式。

2 室外天线覆盖时,应根据信号覆盖环境选择合适规格的天线;天线宜采用具有一定辐射角度的定向天线,并宜具有垂直倾角调节的功能。

3 室外天线覆盖时,信号辐射点位设计应进行覆盖范围理论计算,并且对于项目边界点位设计应进行信号越界分析,计算宜采用 EgLi 模型或采用 Okumura-Hata 模型推算方式,并符合本标准附录 C 的规定。

8.4.7 当系统承担消防应急救援对讲通信信号覆盖时,天馈采用的组成器件应符合下列规定:

1 信号耦合分配器、室内收发天线应具有防尘防水和耐高温能力。

2 线缆应符合本标准第 12.5 节的规定。

3 器件采取的防火措施应满足在火场中不少于 1 h 正常的工作。

4 器件的性能应符合本标准附录 B 的规定。

8.4.8 天馈组成器件设计性能应本标准附录 B 的规定。

8.4.9 多系统信号合路并共用天馈时,组成器件设计性能应满足各系统信号传输要求。

8.5 多系统合路平台

8.5.1 多系统合路平台选型应考虑功率容量、适用频段、无源互调、隔离度、插入损耗等指标要求,并满足系统要求。

8.5.2 多系统合路平台设计时,应考虑不同系统间的功率平衡。

9 数字终端

9.1 一般规定

9.1.1 专用数字无线对讲通信系统的数字终端应与系统设计的信号源采用的通信制式相同,并符合现行国家标准《专用数字对讲设备技术要求和测试方法》GB/T 32659 中体制 A 的技术要求,实现系统的接入。

9.1.2 数字终端应根据所处应用场所环境状况,选择数字手持台或数字移动台。

9.2 数字终端性能要求

9.2.1 专用数字无线对讲通信系统数字终端应满足系统整体功能及可靠通信指标要求。

9.2.2 数字移动台应保证信号接收效果,可配置室外天线。

9.2.3 数字终端使用频率应符合本标准第 7.2 节的规定。

9.2.4 数字终端发射性能应符合现行国家标准《专用数字对讲设备技术要求和测试方法》GB/T 32659 中的发射射频指标。

9.2.5 数字终端接收性能应符合下列规定:
  1 防止外界信号干扰,宜具有动态接收电平门限设置能力。
  2 应符合现行国家标准《专用数字对讲设备技术要求和测试方法》GB/T 32659 中的接收射频指标。

9.2.6 数字终端环境适应能力基本要求应符合下列规定:
  1 应支持在工作温度 −25℃～+60℃ 和相对湿度 20%～80% 的环境条件下工作。

2 应根据使用环境选择合适的防尘防水性能的数字终端,并符合本标准第12.2节的规定。

　　3 温度冲击、低气压、振动、太阳辐射、盐雾应符合现行国家军用标准《军用装备实验室环境试验方法》GJB 150A的规定。

9.2.7 数字终端在防爆环境下使用时,除应符合数字终端环境适应能力基本要求外,还应符合下列规定:

　　1 应根据使用区域的防爆等级要求,选择相对应防爆等级的数字终端。

　　2 数字终端的气体防爆等级应符合现行国家标准《爆炸性环境》GB 3836的规定。

　　3 数字终端的粉尘防爆等级应符合现行国家标准《可燃性粉尘环境用电气设备》GB 12476的规定。

9.2.8 数字终端具备功能应符合下列规定:

　　1 数字终端应支持系统功能的实现,并符合本标准第5章的规定。

　　2 数字终端宜具有电池余量的显示功能或电量不足时的告警提示。

10 配套设计

10.1 一般规定

10.1.1 专用数字无线对讲通信系统的配套设计应包括建筑用地红线内系统专用机房或合用的机房、合用弱电间（弱电竖井）、园区管道、引入管道以及建筑内配线管网和配套机电设施等设计。

10.1.2 系统专用机房或合用的机房、合用弱电间（弱电竖井）、园区管道、引入管道以及建筑内配线管网和配套机电设施应与建筑工程同步建设。

10.1.3 系统的配套设计宜采取集约化设计方式并与其他弱电系统共建共享设备机房及通信传输线路管网。

10.2 机房与弱电间设计

10.2.1 专用数字无线对讲通信系统机房宜与其他弱电系统设备共建共享合用中心机房以及合用弱电间（弱电竖井）。当其他弱电系统设备机房无法满足要求或系统有自身特殊要求时，可在建筑物内设置系统设备专用机房。

10.2.2 系统与其他弱电系统设备共建共享合用中心机房以及合用弱电间（弱电竖井）时，合用机房以及合用弱电间（弱电竖井）的设计除应符合本标准规定外，尚应符合现行国家标准《民用建筑电气设计标准》GB 51348 的规定。

10.2.3 设置系统设备专用机房时，机房面积应根据信号覆盖区域面积、信号源接入系统数量及功能应用需求、基站设备所需安装的通用 19 in 标准机柜以及机电配套设备安装空间、人员操作空间、运维管理等要求确定,其使用面积宜不小于表 10.2.3 的规定。

表 10.2.3 系统设备专用机房使用面积

机房类型			使用净面积（m^2）	房间净尺寸(近似)长(m)×宽(m)
专用机房	单家单位信号源接入时	操作人员室	≥15	4.5×3.3
		主机设备室	≥10	3.1×3.2
		电源室	≥10	4.0×2.5
	两家及以上单位信号源接入时	操作人员室	≥20	6.0×3.3
		主机设备室	≥12	3.8×3.2
		电源室	≥12	4.8×2.5
远端设备机房(间)			≥5	2.5×2.0
设备竖井			≥3	3.0×1.0

注:1. 表中主机设备室内应考虑系统不少于 2 个通用 19 in 标准机柜(机柜规格不小于:宽 600 mm×深 800 mm×高 2 200 mm)和预留机柜安放空间的位置。
2. 表中远端设备机房(间)内应考虑预留系统不少于 1 个通用 19 in 标准机柜(机柜规格不小于:宽 600 mm×深 800 mm×高 2 200 mm)及备用电源设备安放空间的位置;当有条件时,远端设备机房(间)可与楼层的弱电间合设。

10.2.4 系统设备专用机房的设计应符合下列规定:

1 机房宜设置在建筑物的首层或楼上各层。当地下室有多层时,亦可设置在地下一层或地下一层的夹层。

2 机房宜设在系统信号覆盖区域中间的位置,并应考虑主干缆线敷设路由走向与数量,以及缆线的传输距离。

3 机房宜靠近合用弱电间或主干缆线竖井的位置。

4 机房应远离供电变压器、发动机和发电机、X 射线设备或雷达发射机等设备以及有强电磁干扰源存在的场所。当受建筑条件限制必须毗邻设置时,应采取防强电磁干扰的措施。

5 机房应远离粉尘、油烟、有害气体以及存有腐蚀性、易燃、易爆物品的场所。

6 机房应远离强烈机械振动、高噪声环境的场所。

7 机房不应设置在厕所、浴室、水池或其他潮湿、易积水区域的正下方或毗邻场所。当受建筑条件限制必须毗邻设置时,应采取防水防潮湿的隔离措施。

8 机房内楼板单位面积载荷不应小于 6 kN/m^2;当系统设有不间断电源(UPS)设备及配套蓄电池设备时,其区域的楼板单位面积载荷不应小于 10 kN/m^2。

9 机房内梁下距架空地板面净高不应小于 2.5 m。

10 机房内水泥找平地面应高出本层地面不小于 100 mm 或由建筑在机房各入口处设置防水门槛。机房内水泥找平地面应采取防潮、防尘、防静电措施。

11 机房内建筑四周墙面与顶板应采取防潮、防尘措施。

12 机房应有良好的通风。设备安放区域的室内工作温度宜为 5℃~35℃,相对湿度宜为 20%~80%。当室内安装其他有源信息通信网络设备时,应采取满足设备可靠运行的对应措施。

13 机房应采用外开双扇或单扇甲级防火门。房门净高不应小于 2.0 m,双扇门净宽不应小于 1.5 m,单扇门为 1.0 m。

14 机房内安置消防应急救援对讲通信系统核心设备时,机房应采取防火措施。

10.2.5 系统建筑楼层中分布天馈系统设备宜与其他弱电系统合用弱电间(弱电竖井)。合用弱电间(弱电竖井)的设计应符合下列规定:

1 合用弱电间(弱电竖井)使用净面积不应小于 6 m^2;各房间或竖井内应满足不少于 1 个通用 19 in 标准专用机柜安放空间的位置,并应预留扩展空间。

2 合用弱电间(弱电竖井)内楼板单位面积载荷应不小于

$6 kN/m^2$。

3 合用弱电间(弱电竖井)梁下距架空地板面或找平层地面净高不应小于2.5 m。

4 合用弱电间(弱电竖井)内水泥找平地面应按需求采取防潮、防尘、防静电措施。

5 合用弱电间(弱电竖井)内建筑四周墙面与顶板宜采取防尘措施。

6 合用弱电间(弱电竖井)的室内工作温度宜为5℃～35℃,相对湿度宜为20%～80%。当合用弱电间(弱电竖井)内安装系统或其他弱电有源信息通信网络设备时,应采取满足设备可靠运行的对应措施。

7 合用弱电间(弱电竖井)宜采用外开的单扇或双扇门,并应按照建筑构筑防火等级要求设置对应等级防火门。房门净高不应小于2.0 m,采用双扇门时净宽不应小于1.5 m、单扇门时为1.0 m。

10.2.6 系统设备专用机房或合用机房、合用弱电间内系统设备机柜安放位置应符合下列规定:

1 机柜宜采用通用19 in标准机柜。

2 机柜正面操作间距不应小于1.20 m;侧部主通道不宜小于1.20 m;背部维护通道或靠墙间距不应小于0.8 m。

3 机柜垂直安放时,其垂直偏差不应大于0.15%。

4 机柜底部应进行基础抗震加固,其运行安全防护要求应符合本标准第12章的规定。

5 机柜内宜采用机架式系统基站设备或加装金属承台板固定安置方式,同列系统机柜的设备应处于同一平面上,并应满足机柜前后门开闭顺畅。

10.2.7 系统专用机房或合用机房位置至室内或室外天线的距离不宜超过200 m。当超过200 m时,应增设系统远端设备机房(间)或在其他合用弱电间内预留安装系统远端设备的位置。

10.2.8 系统设备专用机房或合用机房应预留机房空调、供电等设备的安装位置。当受建筑条件限制，机房必须设置在地下一层且易积水或易遇外来水淹的场所时，应将机房所在区域的室内地面或楼板抬高并在机房外地面上采取排水措施。

10.2.9 系统设备专用机房或合用机房、远端设备机房（间）、合用弱电间（弱电竖井）内不应有与弱电设备房间无关的各类机电设备的管道或管线穿越。

10.2.10 系统可根据外来安全保障通信部门的使用需求，在建筑顶层设置专用无线信号源引入前端设备间，并可在屋顶无遮挡区域设置多家安全保障通信部门所需室外无线定向天线的基础座。

10.2.11 系统设备专用机房或合用机房、合用弱电间（弱电竖井）的防火设计应符合现行国家标准《建筑设计防火规范》GB 50016 的规定。

10.2.12 系统专用机房或合用机房、远端设备等机房内灭火器的配置应符合本标准第 12.2 节的规定。系统各设备机房、合用弱电间（弱电竖井）中防雷与接地设计应符合本标准第 12.3 节的规定。

10.3 电气设计

10.3.1 专用数字无线对讲通信系统设备供电应符合下列规定：

 1 系统有源设备的电负荷等级应采用本建筑物最高等级的用电负荷。

 2 系统有源设备供电应采用专用的供电回路。当建筑内生产、办公及生活用电被切断时，应仍能保证系统设备的用电。

 3 系统有源设备供电应在其配电线路的最末一级配电箱处设置自动切换装置。

 4 系统有源设备采用交流电压 220 V 供电方式时，应同步配置系统工作不小于1h备用的不间断电源（UPS）和蓄电池组设备，并宜与建筑物内安全防范系统供电备用电源合并设置。

5 当系统与消防应急救援对讲通信系统进行网络集约化建设时，系统有源设备的用电应按建筑物消防设备用电配置。系统电源连续供电时间，应不低于各建筑物、应用场所中火灾延续时间内消防救援所需供电时间的基本要求，并宜按表10.3.1的规定设置。

表10.3.1 建筑及应用场所中专用数字无线对讲通信系统连续供电时间

建筑物类别			应用场所与火灾危险性	火灾延续时间(h)	系统连续供电时间(h)
建筑物	工业建筑	厂区建筑	爆炸性危险环境类及易燃厂区建筑	3.0	3.0
			普通厂区建筑	2.0	2.0
		仓库建筑	爆炸性危险环境类及易燃仓库建筑	3.0	3.0
			普通仓库建筑	2.0	2.0
建筑物	民用建筑	公共建筑	建筑高度大于250m的建筑	≥3.0	≥3.0
			1. 建筑高度大于50m的公共建筑； 2. 建筑高度大于24m的办公建筑、司法系统建筑、旅馆建筑、文化建筑、观演建筑、会展建筑、教育建筑、科学研究建筑、金融建筑、交通建筑、体育建筑、商店建筑、通信建筑、宗教建筑、城市综合体建筑； 3. 医疗建筑、民政建筑； 4. 特殊建筑等重要公共建筑	3.0	3.0
			其他公共建筑	2.0	2.0
		住宅建筑		2.0	2.0
	人防工程建筑		建筑面积小于3 000 m²	1.0	1.0
			建筑面积大于或等于3 000 m²	2.0	2.0
	地下建筑			2.0	2.0
	一类城市交通隧道			3.0	3.0

10.3.2 系统电源的电能质量应符合现行国家标准《电能质量 公用电网谐波》GB/T 14549 的规定。

10.3.3 除住宅建筑外，系统专用机房或合用机房区域内供电系统的接地保护应采用 TN-S 制式。

10.4 配线管网设计

Ⅰ 园区综合管道

10.4.1 专用数字无线对讲通信系统园区传输线路管网宜与其他弱电系统共建综合配线管道，并应按集约化方式进行园区综合管道、人(手)孔和建筑物引入管道的设计。

10.4.2 系统园区管网中地下综合管道配置、地下综合通信管道与其他机电设施地下管道及建筑物敷设的最小间距、人(手)孔设置及程式的选用方式应符合现行国家标准《通信管道与通道工程设计标准》GB 50373 和《民用建筑电气设计标准》GB 51348，以及现行行业标准《通信管道人孔和手孔图集》YD 5178 和《通信管道横断面图集》YD/T 5162 的规定。

10.4.3 系统管网在园区内有特定需求且采用自建地下管道与人(手)孔埋地敷设方式时，应符合下列规定：

  1 主干管道宜采用不少于 2 根公称外径 100 mm～110 mm 且壁厚不小于 5.0 mm 的通信专用塑料管；或采用外径 102 mm～114 mm 且壁厚不小于 4.0 mm 的热镀锌焊接厚壁钢管或无缝钢管或钢塑复合管。

  2 分支干线管道宜采用 1 根～2 根公称外径 75 mm～110 mm 且壁厚不小于 5.0 mm 的通信专用塑料管；或采用外径 89 mm～102 mm 且壁厚不小于 4.0 mm 的热镀锌焊接厚壁钢管或无缝钢管或钢塑复合管。

  3 每根主干管道和分支干线管道内应预置多根子管以增加管道的利用率。子管宜采用外径/内径为 32 mm/26 mm 或

34 mm/28 mm 且壁厚度不小于 3.0 mm 的硅芯塑料管。

4 地下管道采用钢导管时,导管口与管内壁不应有毛刺。

10.4.4 系统管网在园区采用地下封闭式或可开启式专用综合电缆沟(通道)以及在综合管道共同沟等构筑物内敷设时,应符合现行国家标准《电力工程电缆设计标准》GB 50217 的规定。

10.4.5 系统管网采用在地下综合管廊内敷设时,应符合现行国家标准《城市综合管廊工程技术规范》GB 50838 的规定。

10.4.6 系统管网采用在城市轨道交通内敷设时,应符合现行上海市工程建设规范《城市轨道交通设计规范》DG/TJ 08—109 的规定。

10.4.7 系统管网采用在城市车行或人行交通隧道内敷设时,应符合现行上海市工程建设规范《道路隧道设计标准》DG/TJ 08—2033 的规定。

Ⅱ 建筑物引入管

10.4.8 系统引入单体或群体建筑的地下通信管道和与其连接的室外人(手)孔应采用与其他弱电系统引入管共建合设方式。当系统引入单体或群体建筑有自身特定要求时,可采取单独自行引入方式。引入管的引入方向应满足系统园区综合管网干线路由敷设要求。

10.4.9 系统引入单体或群体建筑采用地下通信管道时,管口应伸出地下建筑外墙不小于 2.0 m,并应向人(手)孔方向倾斜,坡度不应小于 4.0‰。

10.4.10 系统引入管应不少于两个路由方向进行引入,并应符合下列要求:

1 系统引入管单独设置时,每个路由处引入管宜采用 1 根及以上外径为 102 mm～114 mm 且壁厚不小于 4.0 mm 的热镀锌焊接厚壁钢导管或无缝钢管。

2 系统引入管与其他弱电系统引入管共建合设时,每个路由处合设引入管宜采用3根及以上外径为102 mm～114 mm且壁厚不小于4.0 mm的热镀锌焊接厚壁钢导管或无缝钢管。

3 系统地处酸碱腐蚀介质环境场所时，每个路由处引入管宜采用外径为110 mm重型或超重型机械应力的圆形管孔塑料管，或采用耐腐蚀的钢塑复合管。

4 每根引入管内应预置多根子管。子管规格应采用外径/内径为32 mm/26 mm及以上规格的硅芯塑料管。

10.4.11 系统引入管应设置在建筑物地下一层或地下一层夹层的通信或弱电进线间内。当受建筑环境条件限制时，可设置在地下一层易于引入管安装与维护的公共部位。

Ⅲ 建筑物内配线管网

10.4.12 系统在单体或群体建筑内的通信主干线缆敷设宜采用专用金属管槽，或可与楼内其他弱电系统主干线缆敷设槽盒共建合设。

10.4.13 系统在专用或合用机房内应设置系统通信线缆专用管槽。在合用弱电间(弱电竖井)内宜设置系统主干通信线缆专用垂直管槽。当受建筑环境条件限制时，可与移动通信室内信号覆盖系统的主干通信线缆合设垂直管槽。

10.4.14 系统楼层中的进线间、系统专用机房或合用机房、合用弱电间(弱电竖井)相互之间应采用水平管槽进行连接。

10.4.15 系统通信线缆管槽不应与燃气管、热力管、给水管、污水及排水管、酸碱腐蚀介质管道共用同一竖井，与系统设备无关的供电线缆不应接入合用弱电间(弱电竖井)。

10.4.16 系统室内通信线缆管槽应与系统有源设备交流电压220 V供电线路的管槽分开设置。

10.4.17 系统通信线缆管槽采用自建自用或集约化共建合用方式设计，应符合下列规定：

1 线缆管槽采用自建自用时，其规格尺寸应符合以下要求：

1）垂直导管外径宜为 50 mm～114 mm；
　　2）水平导管外径宜为 25 mm～50 mm；
　　3）垂直线槽规格宜为宽（200 mm～300 mm）×高（100 mm～150 mm）；
　　4）水平线槽规格宜为宽（150 mm～300 mm）×高（75 mm～150 mm）。
　2　线缆管槽采用共建合用时，其规格尺寸宜符合以下要求：
　　1）垂直导管外径宜为 50 mm～114 mm；
　　2）水平导管外径宜为 25 mm～76 mm；
　　3）垂直线槽规格宜为宽（400 mm～600 mm）×高（150 mm～200 mm）；
　　4）水平线槽规格宜为宽（200 mm～400 mm）×高（100 mm～150 mm）。

10.4.18 系统通信线缆穿导管敷设时，应符合下列规定：

　1　导管直埋于素土和暗敷在潮湿场所、地下室各楼板、首层底板、屋顶板、出屋面的墙体、混凝土墙体与楼板内时，应采用管壁厚度不小于 2.0 mm 的热镀锌钢导管，或采用重型防水可弯曲金属导管。

　2　导管在地下室各楼层或潮湿场所明敷设时，应采用管壁厚度不小于 2.0 mm 热镀锌钢导管，或采用防水型中型可弯曲金属导管。

　3　导管在干燥场所的楼层闷顶中和在一层及以上楼板下顶棚内明敷设时，应采用壁厚不小于 1.5 mm 的热镀锌钢导管，或采用轻型可弯曲金属导管。

　4　导管在有酸碱腐蚀介质的环境场所敷设时，应采用钢塑复合型导管，或可采用燃烧性能 B_1 级且中等机械应力的塑料导管。

　5　导管外径大于 50 mm 时，其弯曲的曲率半径应大于管外径的 6 倍；当导管外径不大于 50 mm 时，其弯曲的曲率半径应大于管外径的 10 倍；暗管的弯曲角度不宜小于 90°。

10.4.19 当安全保障部门信号源由空间无线电信号方式引入建筑物时，系统基础设施在建筑屋顶面应符合下列规定：

  1 应在屋面空旷无遮挡处预置多家使用单位的钢筋混凝土天线基础座。

  2 应在每个基础座附近预留 2 根及以上穿越屋面的金属导管。

  3 导管应采用外径不小于 50 mm 且壁厚不小于 3.5 mm 的无缝钢管，管口上部应伸出屋面保温层并朝下做防水弯，弯头的曲率半径应不小于管外径的 10 倍。

10.4.20 系统线缆采用单管穿 1 根线缆敷设方式时，其管径截面利用率不应大于 60%；采用单管穿多根线缆敷设方式时，其管径利用率不应大于 30%。

10.4.21 系统在同一根槽盒内可同时敷设多根线缆，其槽盒截面积利用率不应大于 50%。

10.4.22 系统线缆穿导管在直线段暗敷或明敷时，应在导管长度不大于 30 m 处加设过路盒（箱）；在导管弯曲段敷设时，应在弯曲段点处增设过路盒（箱）。

10.4.23 系统线缆槽盒的底部距离地面不宜小于 2.40 m；槽盒顶部距离楼顶板不宜小于 300 mm；槽盒与梁及其他管道间距不宜小于 100 mm。

10.4.24 系统配线管网设计除应符合本标准外，应符合现行国家标准《民用建筑电气设计标准》GB 51348 的规定。

11 电磁环境

11.1 系统电磁兼容性

11.1.1 专用数字无线对讲通信系统设计应根据建筑物内部电磁环境、系统电磁敏感度、电磁骚扰和周边其他系统的电磁敏感度等因素,实现电子信息系统内部以及与供配电系统的电磁兼容性。

11.1.2 应根据系统应用环境的电磁辐射指标选择适用的系统设备。

11.2 电磁环境卫生

11.2.1 当建筑物位于无线发射设备的电磁环境影响评价范围内时,应根据电磁辐射环境影响评价报告的要求实施。

11.2.2 当公众曝露在多个频率的电场、磁场、电磁场中时,电磁环境的评价应综合考虑其影响。除变电所等设备机房外,建筑物室内空间和建筑物室外附属空间电磁环境公众曝露控制限值应符合现行国家标准《电磁环境控制限值》GB 8702 的规定。

11.2.3 建筑工程中,向非屏蔽空间发射 0.1 MHz~300 GHz 电磁场的设备,其等效辐射功率小于表 11.2.3 中所列数值时可免于监测与评价。

表 11.2.3 可豁免设施(设备)的等效辐射功率

频率范围(MHz)	等效辐射功率(W)
$0.1 \leqslant f \leqslant 3$	300
$3 < f \leqslant 300\ 000$	100

12 安全防护与接地

12.1 一般规定

12.1.1 专用数字无线对讲通信系统应避免在运行中因受电磁场干扰、环境温度、外部热源、盐雾、酸碱腐蚀介质、啮齿动物侵害等环境因素对系统信号通信质量带来的影响。

12.1.2 系统应防止在运行过程中因受撞击、振动、水喷等以及建筑物地震时变形等各种机械或外来应力带来的损害。

12.1.3 系统设备和信号传输线路的设置应避免在雷击、爆炸、火灾燃烧产生毒烟卤素等环境危害人体生命的安全。

12.1.4 系统设备运行时的能耗及选用产品材料应满足节能节材及绿色环保要求。

12.2 运行安全防护

12.2.1 专用数字无线对讲通信系统设备在爆炸性危险环境中设计时,应符合下列规定:

  1 系统有源设备应设置在爆炸性危险环境外的安全区域。

  2 当系统满足信号良好通信时,应减少在爆炸性危险环境中无源设备器件数量的配置。

  3 系统无源设备器件需安放在爆炸性危险环境中时,应设置在通风良好的爆炸性气体环境的 2 区或设置在爆炸性粉尘环境的 22 区处,并应对无源设备器件采取防爆措施。

  4 系统射频同轴电缆在爆炸性危险环境中敷设时,应穿带有螺纹丝口的低压流体输送镀锌焊接钢管及连接件,并在明敷设进入防爆区域处或穿越相邻防爆区域处均应做隔离密封处理,以防止爆炸性气体或粉尘的侵入。

  5 系统射频同轴电缆及漏泄同轴电缆在爆炸性危险环境中明敷设时,电缆上不应有中间接头。当电缆必须采取中间连接时,应在中间接头处加装专用防爆接线盒(箱)予以保护。

  6 系统手持数字终端设备在爆炸性气体或粉尘环境中使用时,必须采用具有资质的检测机构认证合格的防爆型终端设备,其防爆性能应符合本标准第9.2节的规定。

  7 系统在爆炸性危险环境中设计与配置除应符合本标准要求外,还应符合现行国家标准《爆炸危险环境电力装置设计规范》GB 50058的规定。

12.2.2 系统设备和线路的抗震设计应符合现行国家标准《通信设备安装工程抗震设计标准》GB/T 51369和《建筑机电工程抗震设计规范》GB 50981的规定。

12.2.3 系统设备和线路抗电磁场干扰的设计应符合本标准第11章的规定。

12.2.4 系统设备和线路防酸碱等化学腐蚀性环境场所的设计应符合现行国家标准《工业建筑防腐蚀设计标准》GB/T 50046的规定。

12.2.5 系统设备和线路在地下室人民防空工程的设计应符合现行国家标准《人民防空地下室设计规范》GB 50038的规定。

12.2.6 系统设备和线路及管槽防火保护的设计应符合本标准第12.5节的规定。

12.2.7 系统线缆在建筑物室外共用管沟或管廊及隧道内防啮齿类动物的设计应符合现行国家标准《防鼠和防蚁电线电缆通则》GB/T 34016的规定。

12.2.8 系统配有设备的专用机房或合用机房、远端设备机房等处应配置灭火器装置,并应符合现行国家标准《建筑灭火器配置设计规范》GB 50140的规定。

12.2.9 系统基站设备机房防洪标准的设计应符合现行国家标准《防洪标准》GB 50201 的规定。

12.2.10 系统设备外壳防颗粒尘埃和防水措施的设计应符合现行国家标准《外壳防护等级(IP 代码)》GB/T 4208 的规定。

12.3 防雷与接地

12.3.1 专用数字无线对讲通信系统接地应采用单体或群体建筑共用接地的接地系统,并应符合现行国家标准《建筑物电子信息系统防雷技术规范》GB 50343 中 M 型等电位连接的相关规定。当系统必须单独设置接地体时,其接地电阻应不大于 4 Ω。

12.3.2 在建筑的进线间、专用或合用系统专用机房或合用机房、远端设备间、各楼层合用弱电间(弱电竖井)内均应设置等电位联结端子板,供系统设备接地使用。

12.3.3 机柜式或壁挂式系统设备接地应符合下列要求:

  1 机柜接地应采用 2 根不等长度且截面积不小于 16 mm^2 的多股铜芯专用接地线缆与附近局部等电位联结端子板连接。

  2 机柜内系统设备接地应采用截面积不小于 6 mm^2 的多股铜芯专用接地线缆与机柜内汇流接地铜排连接。

  3 壁挂式系统设备接地应采用 2 根不等长度且截面积不小于 6 mm^2 的多股铜芯专用接地线缆与附近局部等电位联结端子板连接。

  4 专用接地线缆两端应配置适用线径规格的铜质冷轧接头,满足系统设备或机柜的可靠接地。

12.3.4 系统射频同轴电缆的屏蔽层应与设备端口连接器件可靠连接,并应在设备安装的位置就近与等电位联结端子板可靠连接。

12.3.5 系统布线缆线穿金属导管或在金属槽盒敷设时,导管和槽盒外壳应保持良好的电气导通连续性,并应在金属槽盒相隔长度不大于 30 m 的两端处可靠接地。

12.3.6 系统布线缆线由建筑室外引入建筑物室内时,其各根射频同轴电缆及光缆的金属护套或金属构件应在进线间或入口处就近与局部等电位联结端子板可靠连接。

12.3.7 建筑屋面上安装的系统室外天线基座,应与屋面防雷接地网上接闪带可靠连接。同时天线应在避雷装置的保护范围内。

12.3.8 建筑园区或建筑总平面中金属立杆上安装的系统室外天线基座支架应可靠接地连接,并应采取防雷保护措施。

12.3.9 系统电缆从建筑室外引入建筑物室内时,应配置适用于系统信号线路的浪涌保护器。

12.3.10 系统设备的供电配电箱内应配置适用电源线路的浪涌保护器。

12.3.11 系统引入爆炸性危险环境中的金属导管、金属槽盒、铠装线缆的金属外壳,必须在危险区域的进口处接地。

12.3.12 系统敷设的多股铜芯专用接地线缆应路径短且笔直。

12.3.13 系统防雷与接地设计除应符合本标准要求外,应符合现行国家标准《建筑物电子信息系统防雷技术规范》GB 50343、《通信局(站)防雷与接地工程设计规范》GB 50689 和现行行业标准《铁路防雷及接地工程技术规范》TB 10180 的规定。

12.4 节能与环保

12.4.1 专用数字无线对讲通信系统中的有源设备,应采取低功耗并具有智能散热模式的节能措施。

12.4.2 系统设备产品应选用符合国家 RoHS 测试标准的电子信息产品,并符合现行国家标准《电子电气产品中某些物质的测定》GB/T 39560 的规定。

12.5 阻燃与耐火

12.5.1 当专用数字无线对讲通信系统与消防应急救援对讲通信系统进行网络集约化建设时，系统所采用的线缆和对线缆的保护措施应满足在火灾状况下，具备一定时间内维持系统线路完整性和通信畅通性的要求，并应符合下列规定：

    1 系统线缆地处潮湿场所时，应选用阻燃线缆或阻燃耐火线缆；地处建筑室内干燥场所时，应选用无卤低烟阻燃线缆或无卤低烟阻燃耐火线缆。同时应根据所处建筑环境场所选择相适应的阻燃类别（或级别）线缆。

    2 系统信号传输的射频同轴电缆、漏泄同轴电缆，应采用阻燃或无卤低烟阻燃电缆。

    3 系统信号传输的光缆、有源设备运行监控的控制电缆和设备电源线缆，应采用阻燃耐火或无卤低烟阻燃耐火线缆。

    4 系统线缆采用阻燃耐火或无卤低烟阻燃耐火电缆及光缆时，应采用耐火温度不低于750℃、时间不少于90 min的耐火电缆或光缆。

    5 当消防用电设备控制箱内电源线缆引至系统有源设备时，其线缆应敷设在金属导管或金属槽盒中。

    6 系统阻燃或无卤低烟阻燃线缆明敷设时（包括敷设在吊顶内），应穿金属导管或在封闭式金属槽盒内敷设，并对其金属导管和金属槽盒采取防火保护措施。

    7 系统线缆明敷设在酸碱腐蚀介质的环境场所时，应穿钢塑复合导管或在耐腐蚀封闭式金属槽盒内敷设。

12.5.2 系统线缆阻燃类别（级别）的选择应根据建筑的类别及使用性质、火灾危险性和应急救援扑救的难度等因素所确定，并应按表12.5.2的规定选用。

表 12.5.2 系统线缆阻燃类别(级别)的选用

建筑类别与应用场所			阻燃类别(级别)		符合标准
			电缆	光缆	
工业建筑	厂区建筑	产生火灾危险性较大的生产区域	B类	B类	GB/T 19666
		产生火灾危险性较小的生产区域	≥C类	≥C类	
	仓库建筑	储存物品易产生火灾,危险性较大的区域	B类	B类	
		储存物品不易产生火灾,危险性较小的区域	≥C类	≥C类	
	建筑地下室		≥C类	≥C类	
民用建筑	1. 建筑高度大于 250 m 的建筑; 2. 总筑面积大于 250 000 m² 的高层公共建筑; 3. 总筑面积大于 40 000 m² 的地下、半地下商店		B_1级	≥B类	GB 31247 或 GB/T 19666
	1. 建筑高度大于 100 m 的建筑; 2. 总筑面积大于 100 000 m² 的高层公共建筑; 3. 总筑面积大于 20 000 m² 的地下、半地下商店		B类	B类	GB/T 19666
	1. 建筑高度小于 100 m 的建筑; 2. 总筑面积小于 100 000 m² 的高层公共建筑; 3. 总筑面积小于 20 000 m² 的地下、半地下商店		≥C类	≥C类	
	人员密集场所和公众聚集场所		B类	B类	

12.5.3 同一单体建筑或应用场所内选用的阻燃或阻燃耐火线缆,以及选用的无卤低烟阻燃或无卤低烟阻燃耐火线缆,其阻燃级别宜相同。

12.5.4 系统选用的阻燃或无卤低烟阻燃射频同轴电缆及漏泄同轴电缆应满足且不低于现行产品质量的要求,并应符合现行行业标准《通信电缆 无线通信用 50 Ω 泡沫聚烯烃绝缘皱纹铜管外导体射频同轴电缆》YD/T 1092 的规定。

12.5.5 系统选用的阻燃和阻燃耐火线缆应具有产品质量认证证书和国家认证合法检测机构颁发有效合格的检测报告。

12.5.6 系统阻燃和阻燃耐火线缆的设计除应符合本标准要求外,还应符合现行国家标准《建筑设计防火规范》GB 50016、《阻燃和耐火电线电缆或光缆通则》GB/T 19666 和《电缆及光缆燃烧性能分级》GB 31247 的规定。

13 施工与安装

13.1 一般规定

13.1.1 专用数字无线对讲通信系统工程项目应由具有相关施工资质的单位承担。

13.1.2 系统工程施工与安装应符合系统设计要求,并应按照审批的设计图纸进行施工。

13.1.3 系统工程施工与安装的流程分项应符合本标准附录E的划分规定。

13.1.4 系统工程施工与安装过程中除应符合本标准规定外,还应符合现行国家标准《民用建筑电气设计标准》GB 51348 和《数字集群通信工程技术规范》GB/T 50760 的规定。

13.2 进场检验

13.2.1 专用数字无线对讲通信系统工程施工前,应对系统采用的设备、材料及配件实行进场检验,并应符合现行国家及行业检测标准的规定,未通过检验且不合格的系统产品不得在工程中安装使用。

13.2.2 系统采用的设备型号、规格及技术指标应符合设计要求。

13.2.3 系统设备进场核准检验检测项目应符合本标准附录F的规定。

13.3 机房与弱电间设备

13.3.1 专用数字无线对讲通信系统设备安装场所的环境与安全应符合施工进入场地的要求。

13.3.2 系统设备在系统专用机房或合用机房、合用弱电间(弱电竖井)内需与其他弱电系统设备施工单位共同施工安装时,应事先进行协调并满足多家施工单位前后顺序实施的需求。

13.3.3 合用弱电间(弱电竖井)内系统设备安装位置应符合平面布置设计要求,并符合下列规定:

　　1 系统设备采用壁挂型设备时,应安装牢固并在设备前部留有足够的安装及维护空间。

　　2 安放系统线缆的垂直管槽应安装牢固,并在槽盒前部留有足够的安装及开启空间。

13.3.4 系统专用机房或合用机房、合用弱电间(弱电竖井)内系统设备接地设计与措施应符合本标准第12.3节的规定。

13.4 无源器件及天线的安装

13.4.1 系统无源器件安装应符合下列要求:

　　1 无源器件安装的位置应满足系统设计和性能测试要求,且易于维修器件的更换。

　　2 无源器件宜安装在线槽内。当无源器件在弱电间(弱电竖井)或在建筑公共区域内挂墙明装时,其设备应采取支架固定。

　　3 除在机柜或分接箱内,无源器件接头安装处应做防水防潮处理。

　　4 当无源器件涉及与安全保障通信系统共用同一系统信号传输进行通信时,无源器件应安装在具有防火保护措施的金属线槽或专用分接箱内。

5 在爆炸性危险环境区域，无源器件及射频同轴电缆间的接续点应符合本标准第 12 章的规定。

13.4.2 系统室内天线安装应符合下列要求：

1 天线安装位置和天线的安装间距应符合系统建筑平面设计要求，与设计位置的偏差不宜大于 2 m。

2 天线安装位置对周边辐射方向 0.5 m 范围内不应有明显的金属阻挡物。

3 天线安装应固定可靠，其抗震性能应符合工程设计要求。

4 天线安装高度应满足人行或车辆行驶高度的要求。

5 天线在电梯竖井内安装时，应不影响电梯垂直运行的要求。

13.4.3 系统室外天线安装应符合下列要求：

1 天线安装位置和天线的安装间距应符合系统总平面设计要求。

2 天线安装位置对周边辐射方向 10 m 范围内不应有明显的阻挡；当受周边环境条件限制必须就近安装时，其遮挡物遮挡高度范围不得超过天线长度的 1/3。

3 天线安装应固定可靠，并符合室外工程设计的防护要求。

4 天线应可靠接地，并处在避雷针保护范围内，安装应符合现行国家标准《建筑物电子信息系统防雷技术规范》GB 50343 的规定。

5 天线线缆引入建筑物时应加装防浪涌保护器。

13.5 线缆敷设

13.5.1 专用数字无线对讲通信系统中导管及线槽安装应符合本标准第 10 章的规定。

13.5.2 系统中信号传输和控制线缆敷设宜独立穿金属导管或在金属线槽内敷设，并应满足建筑物内管槽的环保要求。当系统主干线缆敷设受建筑环境条件限制时,可与公用移动通信室内信号覆盖系统信号传输线缆合用同一线槽。

13.5.3 当系统中信号传输和控制线缆敷设管槽受施工条件限制必须与其他弱电系统线缆合用同一线槽时,应加设金属隔板分开敷设。

13.5.4 系统中线缆敷设管槽不宜穿越楼层建筑结构变形缝(伸缩缝、沉降缝、抗震缝)。当受建筑环境条件限制必须穿越时,应采取抗震、防止伸缩或沉降的补偿措施。

13.5.5 系统中线缆敷设管槽应避开强烈震动的环境场所,以及应符合城市各类建筑抗震设防烈度要求时的安装抗震的防护措施。

13.5.6 系统中线缆敷设管槽应避开酸碱腐蚀介质的环境场所。当受环境条件限制必须穿越时,系统管槽应采取耐酸碱腐蚀材料措施。

13.5.7 系统中线缆敷设管槽穿越爆炸性危险环境场所时,应在管槽穿越入口处采取防爆密闭封堵措施。

13.5.8 系统中线缆敷设管槽穿越人防地下室围护结构处和人防区域内的外墙、临空墙、防护密闭隔墙、密闭隔墙和密闭楼板时,应采取密闭导管等防护措施。

13.5.9 系统中明敷设线缆管槽穿越楼层(含避难层)防火墙、防火分区的梁板墙、顶棚、屋顶板、合用弱电间(弱电竖井)楼板与隔墙孔洞等有防火要求的建筑构件时,应在管槽四周孔隙处采用等同建筑构件耐火等级的材料封堵,并应符合现行国家标准《建筑防火封堵应用技术标准》GB/T 51410 的规定。

13.5.10 系统敷设管槽中线缆涉及与消防应急救援部门共用同一信号传输和控制线缆进行对讲通信时,其建筑物楼层顶棚内水平敷设以及外露明敷设的水平和垂直管槽均应采取防火保护措施。

13.5.11 系统中信号传输和控制线缆敷设不得与交流电压

220 V供电线缆同穿导管或合用线槽。

13.5.12 系统信号传输和控制线缆的水平管槽与电力电缆线槽或电力母线槽平行敷设时,其间距不应小于150 mm。

13.5.13 系统中信号传输和控制线缆与电力和其他系统电缆交叉敷设时,应采取正交敷设方式。

13.5.14 系统线缆在垂直线槽内敷设时,应相互紧密绑扎固定。

13.5.15 系统线缆在水平线槽内敷设时,线缆应顺直且无明显交叉和扭曲,并在线缆进出槽道和弯转处进行绑扎固定。

13.5.16 系统线缆弯曲敷设时,其弯曲半径应大于产品指定容许的弯曲半径要求。

13.5.17 系统设备机柜内线缆应排布整齐且绑扎固定。设备交流电压220 V供电线缆应与系统信号传输和控制线缆分开敷设,并应符合线缆敷设的间距要求。

13.5.18 系统线缆在爆炸性危险环境中敷设时,应符合本标准第12.2节的规定。

13.5.19 系统设备防雷与接地要求应符合本标准第12.3节的规定。

13.5.20 系统在封闭的电梯竖井、管廊、巷道、隧道、城市轨道交通和立体停车场等狭小空间内应采用漏泄同轴电缆敷设通信,并符合下列要求:

1 漏泄同轴电缆规格与型号应符合系统设计的要求。

2 漏泄同轴电缆采用明敷设方式,其缆线槽孔辐射方向应符合工程设计和使用要求。

3 漏泄同轴电缆敷设的弯曲半径和扭转角度应符合产品规定的最小半径标准要求。

4 漏泄同轴电缆敷设应采用耐腐蚀的专用固定夹具安装。夹具安装的间距不宜大于1.0 m;当施工场所受环境条件限制安装特别困难时,可间隔1.5 m。电缆每隔20 m~30 m固定安装的夹具处,应设置1个防火耐腐蚀固定夹具。

5 漏泄同轴电缆不得与无采取屏蔽隔离措施的其他弱电系统电缆平行贴邻敷设。

6 漏泄同轴电缆的端头应加装末端负载设备并采取防水防潮措施。

13.6 标识安装

13.6.1 系统各设备上应有明显的设备名称、产品型号规格以及与设计或维护相符的设备编号标识。

13.6.2 系统各根线缆与设备接续端头处应有明显的接续设备编号或接续端口简述标识。

13.6.3 系统在爆炸性危险环境以及酸碱腐蚀介质等特殊场所区域,设备或线缆上应有明显安装和维修操作的安全提示。

13.7 安装自查

13.7.1 专用数字无线对讲通信系统设备首次运行前,应进行设备安装自行检查。经检查合格后,方可进行调试工作。

13.7.2 系统设备安装检查应由工程项目建设方主管经理或项目监理工程师负责组织系统实施单位项目经理进行验收。

13.7.3 设备安装检查内容应符合本标准附录G的规定。

13.8 系统调试

13.8.1 专用数字无线对讲通信系统调试应进行系统网络及设备终端调试,接入终端与系统网络应实现通信互联。

13.8.2 系统调试应对覆盖空间的接收信号电平和载噪比或误比特率进行调试,测试结果应符合本标准第14.2节的规定。

13.8.3 系统覆盖区域的语音通话质量的主观评价和评分分级

应符合本标准第 14.2 节的规定。

13.8.4 系统应对系统网络及接入终端设备进行通信分组的配置与功能调试,且应符合系统通信要求。

13.8.5 系统应对系统配置的应用扩展功能进行逐项调试,其功能应符合系统设计要求。

14 系统性能测试

14.1 一般规定

14.1.1 专用数字无线对讲通信系统中具有多系统合路平台时,应委托有资质的第三方检测机构进行系统性能测试。

14.1.2 系统性能测试的场所应符合本标准第3章的规定。

14.1.3 系统中被测的软硬件应符合已有系统设备在线运行的实际配置、安装与布置要求。

14.1.4 系统性能测试应包括等效全向辐射功率、信号覆盖范围、信号覆盖质量、语音通话质量、天馈线驻波比、系统三阶互调、系统接通率等基本要求的测试。

14.1.5 系统工程项目的验收或系统维护主体采用的检测仪器应符合现行国家检测仪器计量标准。

14.2 验收指标

14.2.1 系统中室内天线的等效全向辐射功率应不大于15 dBm。

14.2.2 信号覆盖范围应符合批复要求且室内信号覆盖范围内95%位置的接收信号电平和载噪比或误比特率应符合表14.2.2的规定。

表 14.2.2 室内信号覆盖范围内 95％位置的接收信号电平和载噪比或误比特率指标

频率（MHz）	接收信号电平（dBm）	载噪比（dB）	误比特率（％）
150	≥－95	≥12	<5
350	≥－95	≥12	<5
370	≥－95	≥12	<5
400	≥－95	≥12	<5
800	≥－95	≥12	<5
信号干扰区域	≥－85	≥12	<5

注：表中信号干扰区域是指机电设备机房、变电所、电气化等设备产生电磁干扰的区域。

14.2.3 系统的信号覆盖质量等级测试指标和信号覆盖质量等级可按表 14.2.3-1 和表 14.2.3-2 划分。信号覆盖质量等级应不低于二级。

表 14.2.3-1 信号覆盖质量等级测试指标

信号覆盖质量等级	一级	二级	三级
载噪比（dB）	CNR≤10	10＜CNR≤12	CNR＞12
误比特率（％）	BER≥5	1≤BER＜5	BER＜1

注：表中 CNR 为载噪比，BER 为误比特率。

表 14.2.3-2 信号覆盖质量等级

信号覆盖质量等级	接受程度
一级	不可接受
二级	可接受
三级	满意

14.2.4 语音通话质量主观评价等级可按表 14.2.4 划分，语音通话质量主观评价等级应不低于二级。

表 14.2.4 语音通话质量测试指标

语音通话质量	接受程度	主观评价等级
话音不连续有停顿感,质量差	不可接受	一级
话音连续略有停顿感,质量良好	可接受	二级
话音连续无停顿感,质量良好	满意	三级

14.2.5 天馈线驻波比应不大于1.5。

14.2.6 系统多载波同时工作时,其产生的三阶互调干扰应不影响自身系统性能,且不得影响其他无线电系统的正常运行。

14.2.7 系统接通率应不低于95%。

14.2.8 专用数字无线对讲通信系统性能检验检测项目应符合有资质的第三方检测机构出具的系统性能检验检测报告表的要求,并应符合本标准附录H的规定。

14.3 测试要求

14.3.1 专用数字无线对讲通信系统等效全向辐射功率、信号覆盖范围、信号覆盖质量、语音通话质量、天馈线驻波比、系统三阶互调和系统接通率测试方法应符合本标准附录J的规定。

14.3.2 系统在信号覆盖范围及信号覆盖质量测试中定点测试位置和移动测试路径的选取方式与要求应符合表14.3.2的规定。

表 14.3.2 定点测试位置和移动测试路径的选取方式与要求

测试选取方式	测试要求
定点测试位置	在信号覆盖区域内选择定点测试位置,单位建筑面积选点应不少于1处/2 000 m^2
移动测试路径	围绕建筑红线区域或信号覆盖区域

14.3.3 系统性能测试的选取时间宜按照表 14.3.3 的规定。

表 14.3.3 系统性能测试的选取时间

建筑类型	忙时	闲时
厂区建筑、办公用房、文化建筑、博物馆、会展建筑、商店建筑、金融、体育建筑、宗教建筑、儿童福利院、老年人设施建筑、殡仪馆与公墓建筑	10:00—17:00	其他时间段
仓库建筑、储罐、堆场区建筑、住宅建筑、邮政与通信及数据中心业务用房建筑、旅馆、交通建筑、医疗建筑、地下空间建筑	0:00—24:00	—
观演建筑	9:00—22:00	其他时间段

15 工程验收

15.1 一般规定

15.1.1 专用数字无线对讲通信系统工程项目验收,应在系统施工单位安装完毕、系统性能测试合格通过且初步验收基本材料提交后,方可进入初步验收环节。

15.1.2 工程项目建设单位在接到施工单位初步验收要求书面申请后,应在短时间内组织召集系统设计、监理、施工单位会同建设单位组成验收小组。

15.1.3 系统工程验收小组应根据系统工程的竣工图纸、工程资料、现场工程施工状况并应以会议方式进行验收。

15.1.4 系统工程验收应包括系统工程的施工工程量、安装工艺、施工质量、工程资料等内容要求验收。

15.1.5 系统工程初步验收合格后,应进入系统试运行阶段。系统在试运行阶段运行合格后,方可进入终期验收。

15.1.6 工程初步验收、系统试运行、工程终期验收等阶段均应出具相应的工程报告。

15.2 验收工作流程

15.2.1 专用数字无线对讲通信系统工程验收应包含验收前期工作及验收工作两个流程。

15.2.2 专用数字无线对讲通信系统工程验收应按工作流程规定实施(图15.2.2)。

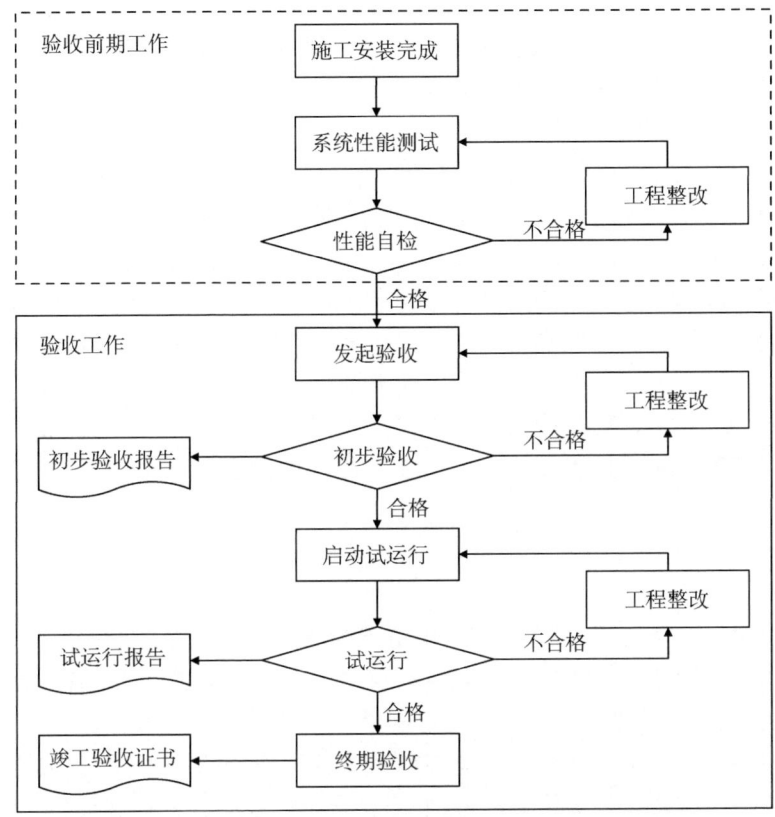

图 15.2.2 专用数字无线对讲通信系统工程验收工作流程图

15.3 初步验收

15.3.1 系统工程初步验收应提供系统说明、竣工图纸、系统性能测试报告、培训资料等基本文件。

15.3.2 系统施工安装中主要的机房设备安装、线槽及管线安装、线缆布放、标识安装、天线及无源器件安装的指标要求,应符合本标准第 13 章的规定。

15.3.3 系统应用功能中主要的多种呼叫功能、动态分配信道、终端信息传输显示功能、系统冗余热备份、网络监测管理等指标要求,应符合本标准第 5 章的规定。

15.3.4 系统性能应符合本标准第 14 章的规定。

15.3.5 系统防雷接地及主要性能指标应符合本标准第 12.3 节的规定。

15.3.6 系统工程初步验收过程中,当发现系统主要技术指标和性能不符合设计标准要求时,应由系统责任方负责整改,满足标准要求后重新发起初步验收书面申请。

15.3.7 工程验收中填写的系统设备各类安装、系统功能、系统性能等检测项目表应符合本标准附录 K 的规定。

15.4 系统试运行

15.4.1 系统试运行时间应从初步验收通过后开始。试运行时间应根据建筑工程项目的规模和建筑类型进行天数设置,最短时间应不少于 30 d 并符合本标准附录 L 的规定。

15.4.2 系统试运行期间应观察系统各种功能的应用,以及系统性能与设备性能等指标内容,并应符合本标准第 6 章的规定。

15.4.3 试运行期间宜观察并分析系统测试数据、对讲话务统计数据和用户使用情况等内容。

15.4.4 试运行期间数字终端接入数量应满足设计要求。

15.4.5 试运行期间不能满足本章的有关规定时,应针对系统重新进行整合和试运行,并应符合试运行对应条款的规定。

15.5 终期验收

15.5.1 系统终期验收应在试运行通过后组织进行。

15.5.2 终期验收过程中,应针对系统的稳定性、可靠性、安全性、资料完整性进行检查。

15.5.3 终期验收应检查完整的系统工程初步验收记录表、工程试运行记录表、系统设备安装位置信息登记表、工程初步验收与试运行期间提交出现问题的处理结果,以及竣工文件等资料。

15.5.4 系统竣工文件应内容齐全、详实准确、清晰与规范,提交时文件应一式三份,并应包含下列资料:

1 工程说明。
2 安装工程量总表。
3 安装设备明细表。
4 竣工图纸。
5 测试记录。
6 开工报告。
7 工程设计变更单。
8 重大工程质量事故报告表。
9 交(完)工报告。
10 交接书。
11 初步验收记录表。
12 试运行记录表。
13 竣工验收证书。
14 项目招投标文件。
15 项目合同。
16 设备移交清单。
17 系统操作手册及用户报告。

15.5.5 终期验收应针对工程项目的建设方、设计、施工、监理和相关单位部门的工作进行总结,并针对工程质量和竣工文件进行合理评定,出具竣工验收证书。

15.5.6 验收过程中填写的系统工程初步验收记录表、工程试运行记录表以及竣工验收证书应符合本标准附录 M 的规定。

16 运维管理

16.1 一般规定

16.1.1 运维管理工作应包括培训管理、运行管理、维护管理和运维保障等内容。

16.1.2 系统在实施运维管理工作前,应确认运维工作的范围,并做好运行维护的准备工作。

16.1.3 运维管理应具有明确的运行主体、维护主体、运维流程、运维技术要求以及运维评估标准。

16.1.4 运维人员应具备相应的资质。

16.1.5 系统运维流程所涉及的运行主体、维护主体应相互配合,共同完成系统运维工作。系统工作流程应按运维管理流程实施(图16.1.5)。

16.1.6 系统设备应预留易损备件。系统发生故障时应能及时更换备件,减少损失。

16.1.7 系统运维使用的监管辅助软件宜采用获得国家计算机软件著作权登记的监管软件。

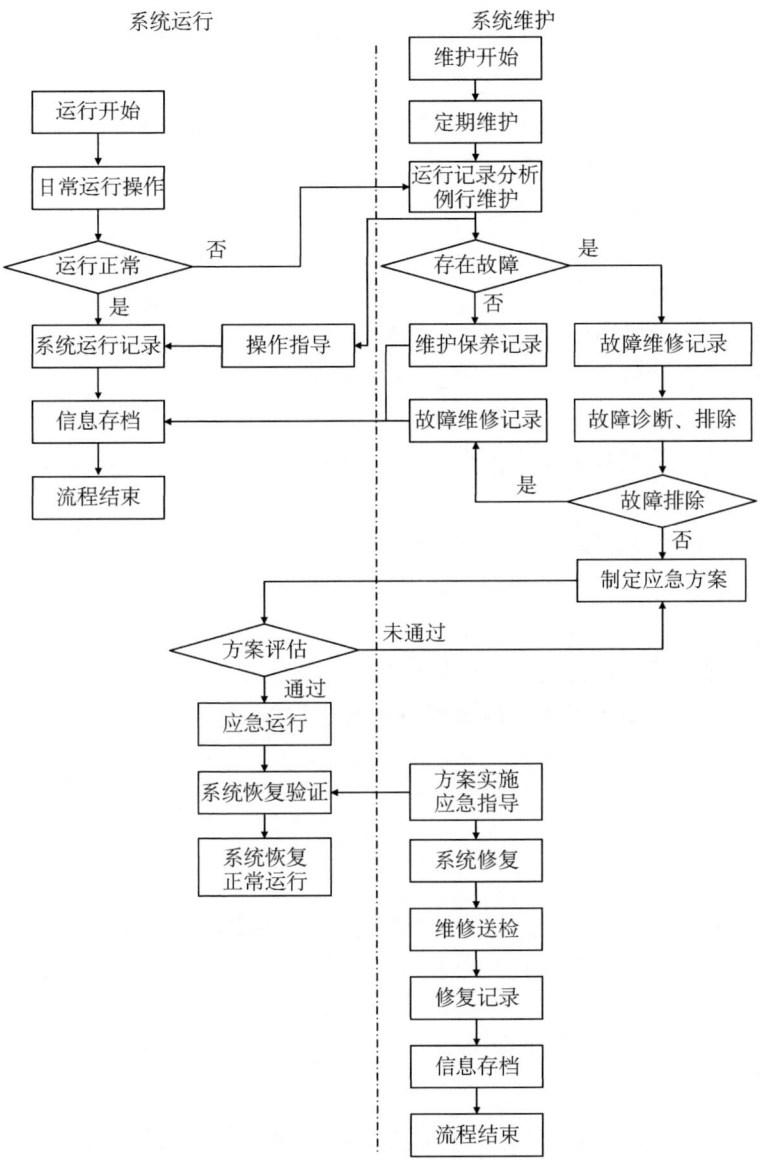

图 16.1.5 专用数字无线对讲通信系统运维管理流程图

16.2 运维准备/运维交接

16.2.1 运维主体到位后应进行系统培训,培训合格后方可展开正式的运维管理工作。

16.2.2 系统运维培训交底应包含对系统技术资料核对、现场核查,以及对系统备品备件、运维工作条件、运维目标等方面内容的准备和确认。

16.2.3 系统运维培训的技术资料应包括下列文件:
1 设备或产品说明书、操作手册和维护手册。
2 系统测试记录和各主要设备运行记录。
3 系统及设备生产厂家的通讯录。
4 系统竣工资料。

16.2.4 运维操作人员应具备系统专业知识,上岗前应经过系统的培训,并应符合下列要求:
1 熟悉系统的基本架构。
2 掌握系统及具体设备的操作方法。
3 具备系统常见故障汇总及解决的能力。
4 了解系统设备生产厂家信息。

16.3 运行管理

16.3.1 对系统和设备应进行定期监管,并应符合下列规定:
1 具有系统监控功能的系统,通过定期查阅监控界面方式进行。
2 对不具备系统监控功能的系统,采用定期设备巡检的方式进行。
3 对设备监管的内容宜包括系统及设备参数检查、功能确认、使用状况评估。

16.3.2 系统设备的运行管理应符合下列规定：

1 系统运行主体应按照用户运行操作手册对系统设备进行规范化的运行管理，并及时处理系统设备运行中的基本故障。

2 应确保移动数字终端和系统内设备在工作运行过程中处在日常开机及监控的状态。

16.3.3 系统的运行管理应符合下列规定：

1 系统日常开机运行时应保持电源 24 h 正常接通，系统连接跳线应正确可靠连接。

2 运行主体在日常操作使用中，应记录系统使用时出现的信号通信故障盲区或信号通信质量不良的区域。

3 手持数字终端电池不足时，应及时进行充电或更换电池。

4 运行主体应按系统日常运行时间要求填写系统运行记录表，并应符合本标准附录 N 的规定。

16.3.4 系统的软件（数据库）运行管理应符合下列规定：

1 应定期清理软件（数据库）的运行环境，确保软件操作安全可靠。

2 应按照软件操作使用说明书中的要求进行日常操作。

3 应对系统软件（数据库）进行定期升级，确保正常运行。

16.3.5 系统监管的对象宜包括：

1 系统运行数据、占用情况、通话状态。

2 有源设备运行状态、故障报警。

3 系统具备各项功能。

4 系统各类处于工作的接口运行状态。

16.4 维护管理

16.4.1 运行主体应按照系统用户操作手册定期对设备进行维护，及时处理运行中出现的故障或隐患，并向维护主体报修。维护应符合下列要求：

1 维护系统设备运行环境,除尘清理。
2 检查设备运行情况,发现故障及时进行设备更换或维修。
3 全面测试系统各项功能的运行状况,发现异常及时修复。
4 测试并评估系统通信繁忙度状况,对于存在的通信容量缺口及时制定调整或改进措施。
5 运行主体应遵照使用手册对数字终端及使用电池进行维护。

16.4.2 系统的维护管理应符合下列规定:
1 运行主体应做好系统日常操作记录、数据记录和故障处理记录,并应及时处理基本故障、报修系统运行故障。
2 运行主体的维护周期不宜超过 90 d。维护过程中应填写系统维护保养记录表,并应符合本标准附录 N 的规定。
3 对系统设备进行的防火、防水维护应按照本标准第 12 章的验收标准进行验收。

16.4.3 系统的软件/数据库维护管理应符合下列规定:
1 应按照软件使用说明书、操作规程要求进行维护管理。
2 应定期进行数据库数据、日志备份或恢复。
3 软件重新安装时应导入正确的备份配置,并在测试和验证无误后方可投入使用。

16.5 运维保障

16.5.1 维护主体应保障系统正常运行,并符合下列规定:
1 应提供远程服务对用户系统的故障设备做出基本故障判定、故障排除、操作指导、技术支持等措施。
2 应提供现场服务对用户系统的故障确定维修方案、解决方法和故障排除的时间。
3 如遇特殊重大活动,宜由专业人员团队提供现场运维保障。
4 发现系统故障或隐患时,应及时以书面文件或电子信息等方式告知用户。

5 应填写系统故障维修记录表,并符合本标准附录 N 的规定。

16.5.2 维护主体应按照系统无线对讲通信业务运行的重要性、安全可靠性等区分不同等级的故障类别,并符合下列规定:

1 一类故障。用户系统发生故障时严重影响无线对讲通信业务运行并需尽短时间内修复。

2 二类故障。用户系统发生故障时暂不影响无线对讲通信业务运行,但会影响系统一定的整体安全。

3 三类故障。用户系统发生故障时暂不影响无线对讲通信业务运行,亦不会影响系统整体安全。

16.5.3 维护主体应根据系统不同类别的故障,按照表 16.5.3 的规定,提供不同类级的服务。

表 16.5.3 专用数字无线对讲通信系统发生故障时维护主体支持服务表

服务指标 服务内容 \ 故障类别	一类故障	二类故障	三类故障
服务受理时间	7×24 h	7×24 h	7×24 h
服务响应时间	≤0.5 h	1 h	1 h
人员到场时间	2 h	≤12 h	≤24 h
故障恢复时间	4 h～8 h	≤24 h	≤48 h
现场及远程支持人员	现场:系统实施人员 远程:系统分析及设计人员	现场:系统实施人员 远程:系统分析及设计人员	现场:系统实施人员 远程:系统分析及设计人员
修复后巡检周期调整	每 30 d 巡检 1 次	每 90 d 巡检 1 次	每 180 d 巡检 1 次

注:1. 表中的一类故障为用户系统发生最严重的故障;二类故障为次之;三类故障为再次之。同时,故障类别应符合本标准第 16.5.2 条的规定。

2. 表中一类故障发生经过修复后,应每隔 30 d 巡检 1 次。

16.5.4 维护主体应协助用户根据建筑工程项目的类型与系统建设规模,建立用户独立的系统设备易损备件库,确保系统发生各类故障时能在短时间内更换备件恢复正常运行。备品备件配置要求及数量宜符合表 16.5.4-1 及表 16.5.4-2 的规定。

表 16.5.4-1 专用数字无线对讲通信系统设备易损备件库

建筑类型	基站或转发台	数字终端	终端电池	合路平台	直放站
厂区与仓库建筑	⊙	⊙	⊙	○	●
住宅建筑	○	○	○	○	○
办公建筑	○	⊙	○	○	⊙
司法系统建筑	⊙	●	●	○	●
旅馆建筑	○	○	⊙	○	○
文化建筑	○	○	○	○	○
观演建筑	●	⊙	○	○	●
会展建筑	●	●	⊙	○	●
教育建筑	○	○	⊙	○	○
科学研究建筑	○	○	○	○	⊙
金融建筑	⊙	⊙	⊙	○	●
交通建筑	●	●	●	⊙	●
体育建筑	⊙	●	⊙	○	●
商店建筑	○	○	○	○	○
通信建筑	⊙	⊙	⊙	○	●
民政建筑	○	○	○	○	○
公园游乐园区	⊙	⊙	●	○	●
宗教建筑	○	○	○	○	○
地下空间建筑	●	⊙	⊙	⊙	●
特殊建筑	⊙	⊙	●	⊙	●

注:表中符号"●"为应设置,"⊙"为宜设置,"○"为可设置。

表16.5.4-2 专用数字无线对讲通信系统设备易损备件数量

基站或转发台	数字终端	终端电池	合路平台	直放站
≥5%	≥2%	≥2%	≥5%	≥5%

注：1. 表中百分比为系统中建设该品类的总数量的百分比。
　　2. 合路平台为信号源中的合路平台及多系统合路平台(POI)的总量。

附录 A 专用数字无线对讲通信系统信号源频率使用数量计算方法

A.0.1 信号源频率使用数量计算应根据计算获得信号源所需承载的话务量对比 Erlang 表获取对应的频率使用数量。信号源频率使用数量计算应符合下列规定：

1 信号源所需承载的话务量计算应综合考虑通话组数量、平均每个通话组每小时发起的呼叫、每次呼叫的平均时长等因素。信号源所需承载的话务量可按式(A.0.1)进行估算：

$$C_{Site} = \frac{N_{Group} \times N_{Call} \times D_{Call}}{3\,600} \quad (A.0.1)$$

式中：C_{Site}——设计信号源覆盖下用户产生的呼叫话务量；
N_{Group}——通话组数量（个）；
N_{Call}——平均每个通话组每小时发起的呼叫次数（次）；
D_{Call}——每次呼叫的平均时长(s)。

2 通话组呼数量 N_{Group} 根据专用数字无线对讲通信系统实际工作需要配置。平均每个通话组每小时发起的呼叫次数 N_{Call} 和每次呼叫的平均时长 D_{Call} 取值宜符合表 A.0.1 的规定。

表 A.0.1 专用数字无线对讲通信系统 D_{Call} 和 N_{Call} 参考值

通话组应用类别	每次呼叫的平均时长 D_{Call}(s)	平均每个通话组每小时发起的呼叫次数 N_{Call}（次）
安全保卫	10	15
物业管理	10	10
生产协调	15	30

续表 A.0.1

通话组应用类别	每次呼叫的平均时长 D_{Call}(s)	平均每个通话组每小时发起的呼叫次数 N_{Call}(次)
运营协调	20	20
维修维护	20	10
生产调度	30	60

  3 计算获得的信号源话务量数值应对比 ErlangB 表(表 A.0.2),选择呼损率不高于 2% 时满足承载话务量的对应信道数。

  4 当系统信号源支持延时等待功能并需要提供位置服务时,计算获得的话务量数值应对比 ErlangC 表(表 A.0.3),选择呼损率不高于 2% 时满足承载话务量的对应信道数。

A.0.2 对比选择承载话务量的对应信道数的 ErlangB 表应符合表 A.0.2 的规定。

表 A.0.2 专用数字无线对讲通信系统 ErlangB 表

信道数(个) \ 呼损率(%)	0.01	0.05	0.1	0.5	1	2	5
1	0.0001	0.0005	0.0010	0.0050	0.0101	0.0204	0.0526
2	0.0142	0.0321	0.0458	0.1054	0.1526	0.2235	0.3813
3	0.0868	0.1517	0.1938	0.3490	0.4555	0.6022	0.8994
4	0.2347	0.3624	0.4393	0.7012	0.8694	1.0920	1.5250
5	0.4520	0.6486	0.7621	1.1320	1.3610	1.6570	2.2190
6	0.7282	0.9957	1.1460	1.6220	1.9090	2.2760	2.9600
7	1.0540	1.3920	1.5790	2.1580	2.5010	2.9350	3.7380
8	1.4220	1.8300	2.0510	2.7300	3.1280	3.6270	4.5430
9	1.8260	2.3020	2.5580	3.3330	3.7830	4.3450	5.3700

续表A.0.2

信道数（个） \ 呼损率（%）	0.01	0.05	0.1	0.5	1	2	5
10	2.2600	2.8030	3.0920	3.9610	4.4610	5.0840	6.2160
11	2.7220	3.3290	3.6510	4.6100	5.1600	5.8420	7.0760
12	3.2070	3.8780	4.2310	5.2790	5.8760	6.6150	7.9500
13	3.7130	4.4470	4.8310	5.9640	6.6070	7.4020	8.8350
14	4.2390	5.0320	5.4460	6.6630	7.3520	8.2000	9.7300
15	4.7810	5.6340	6.0770	7.3760	8.1080	9.0100	10.6300
16	5.3390	6.2500	6.7220	8.1000	8.8750	9.82800	11.5400
17	5.9110	6.8780	7.3780	8.8340	9.6520	10.6600	12.4600
18	6.4960	7.5190	8.0460	9.5780	10.4400	11.4900	13.3900
19	7.0930	8.1700	8.7240	10.3300	11.2300	12.3300	14.3200
20	7.7010	8.8310	9.4120	11.0900	12.0300	13.1800	15.2500
21	8.3190	9.5010	10.1100	11.8600	12.8400	14.0400	16.1900
22	8.9460	10.1800	10.8100	12.6400	13.6500	14.9000	17.1300
23	9.5830	10.8700	11.5200	13.4200	14.4700	15.7600	18.0800
24	10.2300	11.5600	12.2400	14.2000	15.3000	16.6300	19.0300

A.0.3 对比选择承载话务量的对应信道数的 ErlangC 表应符合表 A.0.3 的规定。

表 A.0.3 专用数字无线对讲通信系统 ErlangC 表

信道数（个） \ 呼损率（%）	0.01	0.05	0.1	0.5	1	2	5
1	0.0001	0.0005	0.0010	0.0050	0.0100	0.0200	0.0500
2	0.0142	0.0319	0.0452	0.1025	0.1465	0.2103	0.3422

续表A.0.3

信道数（个）\呼损率（%）	0.01	0.05	0.1	0.5	1	2	5
3	0.0860	0.149	0.1894	0.3339	0.4291	0.5545	0.7876
4	0.2310	0.3533	0.4257	0.6641	0.8100	0.9939	1.3190
5	0.4428	0.6289	0.7342	1.0650	1.2590	1.4970	1.9050
6	0.7110	0.9616	1.0990	1.5190	1.7580	2.0470	2.5320
7	1.0260	1.3410	1.5100	2.0140	2.2970	2.6330	3.1880
8	1.3820	1.7580	1.9580	2.5430	2.8660	3.2460	3.8690
9	1.7710	2.2080	2.4360	3.1000	3.4600	3.8830	4.5690
10	2.1890	2.6850	2.9420	3.6790	4.0770	4.5400	5.2850
11	2.6340	3.1860	3.4700	4.2790	4.7120	5.2130	6.0150
12	3.1000	3.7080	4.0180	4.8960	5.3630	5.9010	6.7580
13	3.5870	4.2480	4.5840	5.5290	6.0280	6.6020	7.5110
14	4.0920	4.8050	5.1660	6.1750	6.7050	7.3130	8.2730
15	4.6140	5.3770	5.7620	6.8330	7.3940	8.0350	9.0440
16	5.1500	5.9620	6.3710	7.5020	8.0930	8.7660	9.8220
17	5.6990	6.5600	6.9910	8.1820	8.8010	9.5050	10.6100
18	6.2610	7.1690	7.6220	8.8710	9.5180	10.2500	11.4000
19	6.8350	7.7880	8.2630	9.5680	10.2400	11.0100	12.2000
20	7.4190	8.4170	8.9140	10.2700	10.9700	11.7700	13.0000
21	8.0130	9.0550	9.5720	10.9900	11.7100	12.5300	13.8100
22	8.6160	9.7020	10.2400	11.7000	12.4600	13.3000	14.6200
23	9.2280	10.3600	10.9100	12.4300	13.2100	14.0800	15.4300
24	9.8480	11.0200	11.5900	13.1600	13.9600	14.8600	16.2500

附录 B 专用数字无线对讲通信系统分布式天馈系统性能

B.0.1 系统设计的干线放大器性能指标应符合表 B.0.1 的规定。

表 B.0.1 干线放大器性能指标

性能名称	性能指标
工作频率	符合本标准第 7.2 节的相关规定
下行链路输出电平	≥+30 dBm/载波
输出电平调节	可调
噪声系数	≤7 dB(单个设备性能) ≤16 dB(组网整体)
互调抑制	≤-45 dBc
带外抑制	≥40 dB
带外杂散发射	9 kHz～1 GHz：≤-36 dBm； 1 GHz～12.75 GHz：≤-30 dBm
特性阻抗	50 Ω±2 Ω
供电	AC220 V±10%,50 Hz
工作温度与相对湿度	-20℃～+55℃,20%～80%
防尘防水	根据安装位置设定,露天安装防护等级不低于 IP65

B.0.2 系统设计的光纤直放站性能指标应符合表 B.0.2 的规定。

表 B.0.2 光纤直放站性能指标

性能名称	性能指标
工作频率	符合本标准第 7.2 节的相关规定

续表B.0.2

性能名称	性能指标
下行链路输出电平	≥+30 dBm/载波
输出电平调节	可调
噪声系数	≤4 dB(单个设备) ≤16 dB(组网整体)
互调抑制	≤-45 dBc
带外抑制	≥40 dB
带外杂散发射	9 kHz~1 GHz:≤-36 dBm; 1 GHz~12.75 GHz:≤-30 dBm
允许最大光损耗	≥5 dB
特性阻抗	50 Ω±2 Ω
供电	AC220 V±10%,50 Hz
工作温度与相对湿度	-20℃~+55℃,20%~80%
防尘防水	根据安装位置设定,露天安装防护等级不低于IP65

注:1. 本表为光纤直放站近端机及远端机的组合性能。
2. 允许最大光传输损耗指在保证性能的前提下,允许近端机与远端机之间的最大的光传输损耗。

B.0.3 系统设计的信号耦合分配器性能指标应符合表B.0.3的规定。

表B.0.3 信号耦合分配器性能指标

性能名称	性能指标
工作频率	符合本标准第7.2节的相关规定,根据接入系统信号频率选择支持的工作频率性能。当接入多个不同频段信号时,工作频率应同时满足所有接入信号频率
电压驻波比	≤1.5
特性阻抗	50 Ω±2 Ω

续表B.0.3

性能名称	性能指标
最大承载功率	≥50 W
工作温度与相对湿度	−20℃～+55℃,20%～80%
防尘防水	根据安装位置设定,露天安装防护等级不低于IP65 承担消防应急救灾通信信号覆盖时,防护等级不低于IP65

B.0.4 系统设计的室内天线性能指标应符合表B.0.4的规定。

表B.0.4 室内天线性能指标

性能名称	性能指标
工作频率	符合本标准第7.2节的相关规定,根据接入系统信号频率选择支持的工作频率性能。当接入多个不同频段信号时,工作频率应同时满足所有接入信号频率
极化方式	垂直极化
天线增益及辐射方向	根据覆盖区域情况设计
电压驻波比	≤2.5
特性阻抗	50 Ω±2 Ω
最大承载功率	≥50 W
工作温度与相对湿度	−20℃～+55℃,20%～80%
防尘防水	根据安装位置设定,承担消防应急救灾通信信号覆盖时,防护等级不低于IP65
防爆	防爆区域布置天线应根据区域防爆等级,设计满足要求的防爆型天线。防爆等级依据标准: 气体防爆,《爆炸性环境》GB 3836 粉尘防爆,《可燃性粉尘环境用电气设备》GB 12476

B.0.5 系统设计的室外天线性能指标应符合表B.0.5的规定。

表 B.0.5 室外天线性能指标

性能名称	性能指标
工作频率	符合本标准第 7.2 节的相关规定,根据接入系统信号频率选择支持的工作频率性能。当接入多个不同频段信号时,工作频率应同时满足所有接入信号频率
极化方式	垂直极化
天线增益及辐射方向	性能选择符合系统设计要求
垂直倾角调节	≥15°(可调)
电压驻波比	≤1.5
特性阻抗	50 Ω±2 Ω
最大承载功率	≥50 W
工作温度与相对湿度	−20℃~+55℃,20%~80%
防尘防水	根据安装位置设定,承担消防应急救灾通信信号覆盖时,防护等级不低于 IP65
防爆	防爆区域布置天线应根据区域防爆等级,设计满足要求的防爆型天线。防爆等级依据标准: 气体防爆,《爆炸性环境》GB 3836 粉尘防爆,《可燃性粉尘环境用电气设备》GB 12476
抗风能力	≥36.9 m/s

B.0.6 系统设计的射频同轴电缆性能指标应符合表 B.0.6 的规定。

表 B.0.6 射频同轴电缆性能指标

电缆规格 性能名称	性能指标					
	50-7	50-9	50-12	50-22	50-32	50-42
工作频率	50 MHz~1 000 MHz					
特性阻抗	50 Ω±2 Ω					
电压驻波比	≤1.2					

续表B.0.6

性能名称	电缆规格	性能指标					
		50-7	50-9	50-12	50-22	50-32	50-42
传输损耗 dB/100 m (20℃时)	150 MHz	≤5.50	≤4.30	≤2.90	≤1.60	≤1.10	≤0.90
	350 MHz	≤9.80	≤7.70	≤5.10	≤2.80	≤1.90	≤1.60
	400 MHz	≤9.80	≤7.70	≤5.10	≤2.80	≤1.90	≤1.60
	800 MHz	≤13.50	≤10.50	≤7.10	≤4.00	≤3.70	≤2.20
三阶交调		≥150 dBc					
防护要求		见本标准第12.5节					
工作温度及相对湿度		−20℃～+55℃,20%～80%					
最大抗拉力		≥800 N	≥800 N	≥1 000 N	≥1 400 N	≥2 000 N	≥2 500 N

B.0.7 系统设计的漏泄同轴电缆性能指标应符合表B.0.7的规定。

表B.0.7 漏泄同轴电缆性能指标

性能名称	电缆规格	性能指标			
		50-12	50-22	50-32	50-42
工作频率		50 MHz～1 000 MHz			
特性阻抗		50 Ω±2 Ω			
电压驻波比		≤1.3			
传输损耗 dB/100 m (20℃时)	150 MHz	≤3.50	≤2.00	≤1.40	≤0.90
	350 MHz	≤6.70	≤3.70	≤3.20	≤2.20
	400 MHz	≤6.70	≤3.70	≤3.20	≤2.20
	800 MHz	≤9.60	≤5.40	≤4.40	≤2.90
耦合损耗 (95%,2 m)	150 MHz	≤80.0	≤78.0	≤80.0	≤87.0
	350 MHz	≤80.0	≤80.0	≤87.0	≤87.0
	400 MHz	≤80.0	≤80.0	≤87.0	≤87.0
	800 MHz	≤83.0	≤83.0	≤87.0	≤87.0

续表 B.0.7

性能名称 \ 电缆规格	性能指标			
	50-12	50-22	50-32	50-42
防护要求	见本标准第 12.5 节			
工作温度及相对湿度	−20℃～+55℃,20%～80%			
最大抗拉力	≥1 000 N	≥1 500 N	≥2 500 N	≥3 000 N

B.0.8 系统设计的系统合路平台(POI)性能指标应符合表 B.0.8 的规定。

表 B.0.8 多系统合路平台(POI)性能指标

性能名称	性能指标
支持合路及工作频率	根据接入系统信号频率提供相对应的接入端口。各端口工作频率符合本标准第 7.2 节的相关规定
电压驻波比	≤1.5
输入端口间隔离度	≥55 dB
插入损耗	≤4.0 dB
互调抑制	≥113 dBc
特性阻抗	50 Ω±2 Ω
最大承载功率	50 W
工作温度与相对湿度	−20℃～+55℃,95%

附录 C 专用数字无线对讲通信系统信号覆盖空间损耗计算办法

C.0.1 在室内环境中,建筑物所使用的材料和场景类型都对无线信号在建筑物内的传播有着很大的影响。计算应符合下列规定:

1 采用弗里斯传输公式配合隔断修正参数推算空间传播损耗,应按下列公式进行计算:

$$L = 32.44 + 20 \times \lg f + 20 \times \lg d + D_p \quad (C.0.1)$$

式中:L——空间传输损耗(dB);

f——通信频率(MHz);

d——传输距离(km);

D_p——天线至点位路径间所有隔断损耗修正总和(dB)。

2 D_p 数据计算时,不同建筑材料隔断对信号的衰减数值宜参考表 C.0.1 的参考数值。

表 C.0.1 专用数字无线对讲通信系统不同建筑材料隔断对信号衰减影响

电波频段	不同传播距离下的自由空间损耗(dB)				
	混凝土墙	砖墙	玻璃	混凝土楼板	天花板管道
100 MHz、150 MHz	9	7	3	7	3
350 MHz、400 MHz	12	9	5	10	5
800 MHz	16	12	6	14	6

C.0.2 450 MHz 以下频率信号室外覆盖采用 EgLi 模型计算传播损耗,应按下式进行计算:

$$L_b = 88 + 20 \times \lg f - 20 \times \lg h_t - 20 \times \lg h_r + 40 \times \lg d \quad (C.0.2)$$

式中：L_b——空间传输损耗(dB)；
　　　f——通信频率(MHz)；
　　　h_t——发射天线有效高度(m)；
　　　h_r——接收天线有效高度(m)；
　　　d——传输距离(km)。

C.0.3 450 MHz以上频率信号室外覆盖采用Okumura-Hata模型计算传播损耗，应按下式进行计算：

$$L_b = 69.55 + 26.16 \times \lg f - 13.82 \times \lg h_t - \alpha(h_r) + (44.9 - 6.55 \times \lg h_t) \times \lg d \quad (C.0.3)$$

式中：L_b——空间传输损耗(dB)；
　　　f——通信频率(MHz)；
　　　d——传输距离(km)；
　　　h_t——发射天线有效高度(m)；
　　　h_r——接收天线有效高度(m)；
　　　$\alpha(h_r)$——接收天线高度因子(dB)。$\alpha(h_r)$应根据不同规模城市按表C.0.3的公式计算数值。

表C.0.3 专用数字无线对讲通信系统不同规模城市接收天线高度因子公式

城市规模	公式
大城市 $\alpha(h_r)$	$\alpha(h_r) = 3.2 \times (\lg 11.75 \times h_r) \times (\lg 11.75 \times h_r) - 4.97$
中小城市 $\alpha(h_r)$	$\alpha(h_r) = (1.1 \times \lg f - 0.7) \times h_r - (1.56 \times \lg f - 0.8)$
式中：h_r——接收天线有效高度(m)； 　　　f——通信频率(MHz)	

附录 D 专用数字无线对讲通信系统业务功能说明

D.0.1 数字终端室内外定位指数字终端具有上传位置信息的能力,通过独立设备、系统管理或调度管理对数字终端位置进行实时显示,并同时建立数字终端位置管理功能。系统功能配置应符合表 D.0.1 的规定。

表 D.0.1 专用数字无线对讲通信系统数字终端室内外定位功能配置

功能列表	功能描述	配置
位置显示	通过实时显示数字终端具体位置,显示信息包括位置及数字终端识别信息,室内定位宜精确至房间	●
电子围栏	提供终端指定一个范围,当终端离开该区域时自动报警	⊙
在线巡检	可制定巡更线路及巡检线路,实时显示人员巡检情况,当偏离巡检线路或巡检计划时给予告警提示	○

注:表中符号"●"为应具有,"⊙"为宜具有,"○"为可具有。

D.0.2 数字终端调度管理通过多种通信及管理功能,实现对终端的呼叫、管理和状态监测。系统功能配置应符合表 D.0.2 的规定。

表 D.0.2 专用数字无线对讲通信系统数字终端调度管理功能配置

功能列表	功能描述	配置
调度呼叫	可以进行各种类型的呼叫,如个呼、组呼、全呼等	●
强插	在监听或参与语音通话的过程中,强制中断正在进行的通话组讲话,夺取话权进行讲话	○
强拆	系统强制中断正在进行的呼叫组并强行释放所占的相应资源的过程	○

续表D.0.2

功能列表	功能描述	配置
通话组派接	建立临时通话组,实现多个数字终端或者组呼成员加入后的临时通信	⊙
短消息	数字终端与调度管理之间相互传递数据短消息	●
通话记录查询	查询与系统相关的通话记录	●

注:表中符号"●"为应具有,"⊙"为宜具有,"○"为可具有。

附录 E 专用数字无线对讲通信系统工程施工与安装流程分阶段项目

表 E 专用数字无线对讲通信系统工程施工与安装流程分阶段项目

流程阶段	流程分项	分项工程
阶段一	进场检验	设备及资料检验
阶段二	设备安装与施工	硬件设备安装
		应用功能软件安装
		天馈线分布安装
		系统设备防雷接地安装
阶段三	安装自查	硬件设备安装检查
		应用功能软件安装检查
		天馈线分布设备安装检查
		系统设备防雷接地安装检查
阶段四	系统调试	设备调试
		系统调试
		应用功能调试
		信号覆盖调试

附录 F 专用数字无线对讲通信系统设备进场核准检验检测项目

表 F 专用数字无线对讲通信系统设备进场核准检验检测项目

设备类型	资料检验				设备检测			
	第三方检测报告	专利证书	入网许可证	型号核准证	合格证	出厂检测报告	设备使用或安装手册	设备外观
基站或信道机	●	—	○	●	●	●	●	●
应用软件	—	○	—	—	—	—	—	—
分合路设备	●	—	—	—	●	●	●	●
功分器、耦合器	●	—	—	—	●	⊙	●	●
中继拉远设备	●	—	—	—	●	●	●	●
线缆	●	—	—	—	●	—	—	●
天线	●	—	—	—	●	●	—	●
终端	●	—	—	○	●	●	●	●
其他	○	○	○	○	●	○	○	●

注:表中符号"●"为应检验,"⊙"为宜检验,"○"为可检验,"—"为不需检验。

附录G 专用数字无线对讲通信系统设备安装检验项目

表G 专用数字无线对讲通信系统设备安装检验项目

设备分类	检验项目	检验明细
信号源设备	硬件设备安装外观	安装后外观情况、安装及固定工艺
	应用功能软件安装	采用正版或合规应用软件,软件安装后应可以正常运行
	设备接线	接续情况、线缆布放工艺
	防雷接地接线	设备及线缆接续情况
	通电测试	设备通电运行效果
	标识检查	设备标识安装工艺、线缆标识安装工艺
分布式有源天馈	室内天线安装	天线安装工艺
	室外天线安装	天线安装工艺、防雷接地工艺、防风防水工艺
	无源器件安装	接续情况、安装固定、防潮防水
	驻波比检测	驻波比测试
	线缆安装	接头防潮防水、线缆布放工艺
	有源设备安装	安装后外观情况、安装及固定工艺、接续情况、线缆布放工艺、设备通电运行效果
	防雷接地接线	设备及线缆接续情况,接地电阻情况
	标识检查	标识安装工艺
终端设备	供电及电池	移动终端设备电池及电池充电设备,适配和组装情况。 固定终端设备供电安装工艺及通电测试
	配件及使用说明	配件配置齐全情况,与终端组合安装情况,设备安装使用说明的配套情况

附录 H 专用数字无线对讲通信系统性能检验检测报告表(第三方检测机构)

表 H 专用数字无线对讲通信系统性能检验检测报告表(第三方检测机构)

工程名称					
委托单位名称\地址\电话\邮编					
受检单位名称\地址\电话\邮编					
施工单位名称\地址\电话\邮编					
检验/抽样地点			检验日期		
			抽样比例		
检验依据					
判定依据					
检测设备					
检测项目	检测内容	单位	技术要求	检验检测结果	单项评价
1	信号覆盖范围	—	应符合批复要求		
			室内信号覆盖范围内95%位置的接收信号电平应不小于-95 dBm或载噪比应不小于12 dB或误比特率应小于5%		
			信号干扰区域95%位置的接收信号电平应不小于-85 dBm或载噪比应不小于12 dB或误比特率应小于5%		
2	信号覆盖质量等级	—	一级	CNR≤10	
				BER≥5	

— 101 —

续表H

检测项目	检测内容	单位	技术要求		检验检测结果	单项评价
2	信号覆盖质量等级	—	二级	10＜CNR≤12		
				1≤BER＜5		
			三级	CNR＞12		
				BER＜1		
3	语音通话质量等级	—	可接受	质量良好,话音连续、无中断		
			不可接受	质量差,话音不连续、有中断		
4	天馈线驻波比	—	≤1.5			
5	系统三阶互调	—	应不影响系统性能			
6	系统接通率	—	≥95％			
检测检测结论				签发日期:		
备注						

批准: 　　　　　审核: 　　　　　主审:

附录 J 测试方法

J.0.1 等效全向辐射功率的测试(图 J.0.1),测试设备可选用电磁辐射测试仪或监测接收机,并应按下列步骤进行:

1 调整接收天线与被测发射天线距离为 2 m。

2 开启测试设备,设置测试频率、分辨率带宽和视频带宽,补偿链路损耗与天线增益。

3 记录每个载波的接收功率并计算等效全向辐射功率。

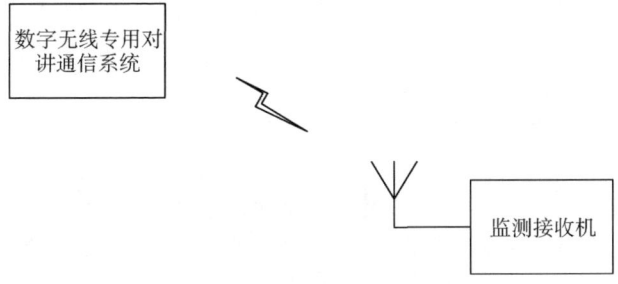

图 J.0.1 等效全向辐射功率测试方法

J.0.2 信号覆盖范围的测试(图 J.0.2),测试设备可选用监测接收机,并应按下列步骤进行:

1 定点测试位置、移动测试路径和测试时间的选取应符合本标准第 14.3.2 条和第 14.3.3 条的规定。

2 调整接收天线处于离地面高度 1.5 m。

3 开启测试设备,设置测试频率、分辨率带宽和视频带宽,补偿链路损耗与天线增益。

4 记录接收信号电平、载噪比和地理位置等信息。

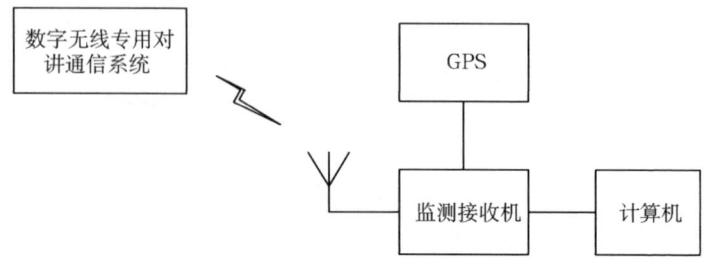

图 J.0.2　信号覆盖范围测试方法

J.0.3　信号覆盖质量的测试(图 J.0.3),测试设备可选用监测接收机,并应按下列步骤进行:

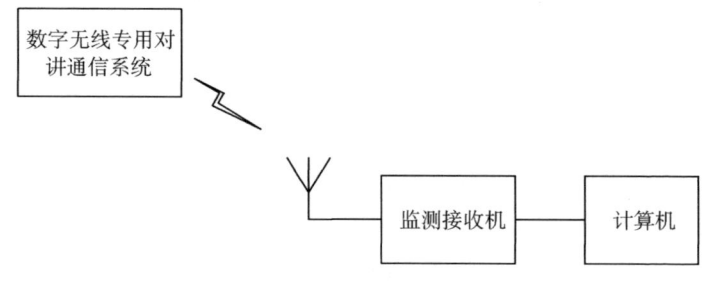

图 J.0.3　信号覆盖质量测试方法

　　1　定点测试位置和测试时间的选取应符合本标准第 14.3.2 条和第 14.3.3 条的规定。
　　2　开启测试设备,设置测试频率、分辨率带宽和视频带宽,补偿链路损耗与天线增益。
　　3　记录测试点的接收信号电平、载噪比和误比特率数据,测算测试点的信号覆盖质量等级。
　　4　专用数字无线对讲通信系统信号覆盖质量等级可按式(J.0.3)计算。

$$Q = \frac{\sum_{k=1}^{N} q_k}{N} \quad \text{(J.0.3)}$$

式中：Q——系统信号覆盖质量等级；

q_k——第 k 个测试点的信号覆盖质量等级；

N——测试点总个数。

J.0.4 语音通话质量的测试，应按下列步骤进行：

1 开启被测设备。

2 用户之间进行语音通话。

3 主观评价话音质量，并给出语音通话质量等级。

J.0.5 天馈线驻波比的测试(图 J.0.5)，测试设备可选用网络分析仪或驻波比检测仪，并应按下列步骤进行：

1 系统中存在干线放大器时，应选择干线放大器下行输出口处进行测试。

2 系统中配置有合路器时，应选择合路器输入口处进行测试。

3 开启测试设备，记录测试数据。

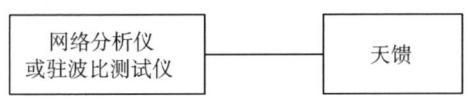

图 J.0.5 天馈线驻波比测试方法

J.0.6 系统三阶互调的测试(图 J.0.6)，测试设备可选用频谱分析仪，并应按下列步骤进行：

1 系统提供监测接口时，应在监测口处进行测试；系统未提供监测接口时，应在发射功率最大处进行测试。

2 系统中未采用漏泄同轴电缆且采用小型天线时，应将频谱分析仪连接在靠近天线端的一侧进行测试。

3 开启测试设备，记录测试数据。

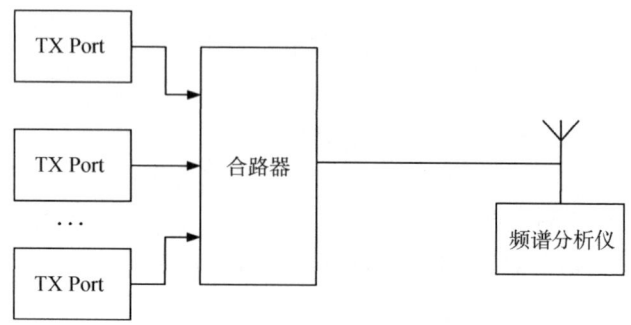

图 J.0.6 系统三阶互调测试方法

J.0.7 系统接通率的测试,应按下列步骤进行:
   1 开启被测系统设备。
   2 用户相互之间进行语音呼叫及数据信息传递。
   3 统计接通呼叫次数与呼叫总次数,可按式(J.0.7)计算系统接通率。

$$系统接通率 = \frac{接通呼叫次数}{呼叫总次数} \times 100\% \qquad (J.0.7)$$

附录 K 专用数字无线对讲通信系统工程验收检验项目表

表 K 专用数字无线对讲通信系统工程验收检验项目表

序号	检验项目	检验内容	要求
1	机房设备安装	安装位置符合工程设计平面图要求	●
		设备安装水平度及垂直度	●
		抗震加固符合工程设计要求	●
		防雷接地良好可靠	●
2	线槽及管线安装	安装位置符合工程设计要求	●
		加固支撑安装平稳牢固,吊挂垂直整齐	●
		走道(或槽道)横平竖直	●
		走道横铁间隔均匀	○
		漆色一致	○
3	线缆布放	路由走向符合工程设计要求	●
		弯曲半径及绑扎质量	●
		射频同轴电缆头的组装质量	○
		信号线、控制线的连接质量	●
		电源线的端头处理良好且连接可靠	●
		缆线加固点分布均匀,缆线担空位置下方应保留可操作的空间高度	○
4	天馈线安装	天线安装位置、高度及倾斜角	●
		馈线防水密封处理良好,接头部位密封处理良好	●
		馈线路由走向正确	●
		坚固平稳、牢固可靠	○

续表K

序号	检验项目	检验内容	要求
4	天馈线安装	防雷接地处理符合工程设计要求,有效可靠	●
		馈线加固点分布均匀,馈线担空位置下方应保留可操作的空间高度	○
5	标识安装	系统器件与馈线有明确标识	●
		标识统一格式	●
		标识向外可见	○
6	系统功能	多种呼叫功能	●
		动态分配信道	●
		终端数据信息显示	●
		系统冗余热备份	●
		网络监测管理	●
		故障弱化功能	○
		语音信息录音	○
		扩展和兼容功能	○
		消防火灾报警系统互联	○
		点位可视化功能	○
7	系统性能	系统信号覆盖区域覆盖边缘场强	●
		带内外信噪比	●
		语音通话质量等级	●
		天馈线分布系统驻波比	●
		系统多载波工作时三阶互调干扰	●
		可接通率	●

注:表中符号"●"为应配置,"⊙"为宜配置,"○"为可配置。

附录 L 专用数字无线对讲通信系统工程试运行时间表

表 L 专用数字无线对讲通信系统工程试运行时间表

试运行时间(d) \ 建筑类型	建筑(占用)面积(m²)	小型 ≤100 000	中型 100 000~150 000	大型 150 000~300 000	特大型 >300 000
工业建筑	厂区建筑	30	30	30	90
工业建筑	仓库建筑	30	90	90	90
工业建筑	储罐与堆场建筑	90	90	90	90
民用建筑	住宅建筑	30	30	30	90
民用建筑	通用办公建筑	30	30	30	90
民用建筑	行政机关办公用房建筑	30	30	30	90
民用建筑	司法系统业务用房建筑	30	30	30	90
民用建筑	邮政与通信及数据中心业务用房建筑	30	30	30	90
民用建筑	旅馆建筑	30	30	90	90
民用建筑	文化建筑	30	30	30	90
民用建筑	观演建筑	30	90	90	90
民用建筑	博物馆建筑	30	30	90	90
民用建筑	会展建筑	30	90	90	90
民用建筑	商店建筑	30	30	90	90
民用建筑	教育建筑	30	30	90	90
民用建筑	科学研究、检验检测与计量测试机构建筑	30	30	30	90

续表L

建筑类型		试运行时间(d) 建筑(占用)面积(m²)	小型 ≤100 000	中型 100 000~150 000	大型 150 000~300 000	特大型 >300 000
民用建筑	金融建筑		30	30	30	90
	交通建筑		90	90	90	90
	医疗建筑		30	30	30	90
	体育建筑		30	30	30	90
	儿童福利建筑		30	30	30	90
	老年人设施建筑		30	30	30	90
	殡仪馆与公墓建筑		30	30	30	90
	公园景区建筑		90	90	90	90
	宗教建筑		30	30	30	90
	地下空间建筑		90	90	90	90

注：表中系统试运行时间应为最短试运行的天数(d)。

附录 M 专用数字无线对讲通信系统工程验收记录表

M.0.1 专用数字无线对讲通信系统工程初步验收记录应由建设单位按表 M.0.1 填写,初步验收结论应由参加验收的各方共同商定并盖章。

表 M.0.1 专用数字无线对讲通信系统工程初步验收记录表

工程名称			
施工单位		项目负责人	
监理单位		监理工程师	
序号	检查项目名称	检查内容记录	评定结果
1			
2			
3			
4			
5			
6			
7			
8			
初步验收结论			

续表M.0.1

验收单位	施工单位:(单位印章)	项目负责人:(签章) 年 月 日
	监理单位:(单位印章)	监理工程师:(签章) 年 月 日
	设计单位:(单位印章)	项目负责人:(签章) 年 月 日
	建设单位:(单位印章)	项目负责人:(签章) 年 月 日

M.0.2 专用数字无线对讲通信系统工程试运行记录应由施工单位按表M.0.2填写,并应由建设单位、监理单位、施工单位共同商定试运行结论并盖章。

表M.0.2 专用数字无线对讲通信系统工程试运行记录表

工程名称			
施工单位		项目负责人	
监理单位		监理工程师	
试运行时长		有无投诉	
序号	观察项目名称	运行情况记录	评定结果
1	接入数量		
2	系统功能		
3	系统性能		
4	设备性能		
试运行结论			

续表M.0.2

验收单位	施工单位：(单位印章)	项目负责人：(签章) 年 月 日
	监理单位：(单位印章)	监理工程师：(签章) 年 月 日
	建设单位：(单位印章)	项目负责人：(签章) 年 月 日

M.0.3 专用数字无线对讲通信系统工程竣工验收证书由建设单位按表 M.0.3 填写，竣工验收证书的结论应由参加验收的各方共同商定并盖章。

表 M.0.3 专用数字无线对讲通信系统工程竣工验收证书

工程名称			
建设单位			
施工单位			
开工日期		完工日期	
验收日期		工程地点	
合同造价(万元)		施工决算(万元)	
项目经理		技术负责人	
验收范围及主要工程量：			
验收意见：			
验收单位及人员			
施工单位： 签名： 盖章：		监理单位： 签名： 盖章：	
设计单位： 签名： 盖章：		建设单位： 签名： 盖章：	

M.0.4 专用数字无线对讲通信系统工程系统设备安装位置信息登记表由施工单位按表 M.0.4 填写,并应由建设单位、监理单位、施工单位共同确认并盖章。

表 M.0.4 专用数字无线对讲通信系统工程设备安装位置信息登记表

工程名称					
施工单位			项目负责人		
监理单位			监理工程师		
序号	设备编号	设备名称	位置描述	分区编码	备注
1					
2					
3					
4					
5					
6					
7					
8					
相关单位	施工单位:(单位印章)		项目负责人:(签章) 年 月 日		
	监理单位:(单位印章)		监理工程师:(签章) 年 月 日		
	建设单位:(单位印章)		项目负责人:(签章) 年 月 日		

附录N 专用数字无线对讲通信系统运维记录表

N.0.1 专用数字无线对讲通信系统运行记录应按表 N.0.1 的格式填写。

表 N.0.1 专用数字无线对讲通信系统运行记录

编号：

记录日期：

运行主体(公司)名称					
记录内容					
序号	时间	事件描述	事件位置	处置情况	备注
系统运行综述					
值班人	签字： 日期：		部门负责人	签字： 日期：	

N.0.2 专用数字无线对讲通信系统维护保养记录应按表 N.0.2 的格式填写。

表 N.0.2 专用数字无线对讲通信系统维护保养记录

编号：
记录日期：

委托方 (公司)名称				
维护方 (公司)名称				
序号	项目	维护内容	维护结果	备注
维护综述				
问题/建议				
委托方	签字： 日期：		维护方	签字： 日期：

N.0.3 专用数字无线对讲通信系统故障维修记录应按表 N.0.3 的格式填写。

表 N.0.3 专用数字无线对讲通信系统故障维修记录

编号：

记录日期：

故障设备	
设备型号/序列号	
设备具体位置	
维护方(公司)名称	
故障发现时间	
故障描述	
故障原因	
故障处理 (如材料、维修、更换等)	
维修结果/反馈意见	
服务评价	
维修方	签字： 日期：	委托方	签字： 日期：

本标准用词说明

1 为了便于在执行本标准条文时区别对待,对要求严格程度不同的用词说明如下:
   1) 表示很严格,非这样做不可的用词:
      正面词采用"必须";
      反面词采用"严禁"。
   2) 表示严格,在正常情况下均应这样做的用词:
      正面词采用"应";
      反面词采用"不应"或"不得"。
   3) 表示允许稍微有选择,在条件许可时首先应这样做的用词:
      正面词采用"宜";
      反面词采用"不宜"。
   4) 表示有选择,在一定条件下可以这样做的用词,采用"可"。

2 条文中指明应按其他有关标准执行的写法为"应符合……的规定"或"应按……执行"。

引用标准名录

1 《无线通信室内覆盖系统工程技术标准》GB/T 51292
2 《数字集群通信工程技术规范》GB/T 50760
3 《专用数字对讲设备技术要求和测试方法》GB/T 32659
4 《建筑设计防火规范》GB 50016
5 《智能建筑设计标准》GB 50314
6 《民用建筑电气设计标准》GB 51348
7 《警用数字集群(PDT)通信系统总体技术规范》GA/T 1056
8 《警用数字集群(PDT)通信系统工程技术规范》GA/T 1368
9 《公用移动通信室内信号覆盖系统设计与验收标准》DG/TJ 08—1105
10 《消防通信指挥系统设计规范》GB 50313
11 《城市消防远程监控系统技术规范》GB 50440
12 《公众移动通信隧道覆盖工程技术规范》GB/T 51244
13 《综合布线系统工程设计规范》GB 50311
14 《宽带光纤接入工程技术标准》GB 51380
15 《住宅区和住宅建筑内光纤到户通信设施工程设计规范》GB 50846
16 《通信电缆 无线通信用 50 Ω 泡沫聚烯烃绝缘皱纹铜管外导体射频同轴电缆》YD/T 1092
17 《通信管道与通道工程设计标准》GB 50373
18 《通信线路工程设计规范》GB 51158
19 《通信管道人孔和手孔图集》YD 5178
20 《通信管道横断面图集》YD/T 5162
21 《安全防范工程技术标准》GB 50348

22 《低压配电设计规范》GB 50054
23 《电力工程电缆设计标准》GB 50217
24 《电子工程防静电设计规范》GB 50611
25 《消防给水及消火栓系统技术规范》GB 50974
26 《通信设备安装工程抗震设计标准》GB/T 51369
27 《建筑机电工程抗震设计规范》GB 50981
28 《人民防空地下室设计规范》GB 50038
29 《爆炸危险环境电力装置设计规范》GB 50058
30 《可燃性粉尘环境用电气设备》GB 12476
31 《防爆性环境》GB/T 3836 系列
32 《城市轨道交通设计规范》DG/TJ 08—109
33 《城市综合管廊工程技术规范》GB 50838
34 《道路隧道设计标准》DG/TJ 08—203
35 《建筑物电子信息系统防雷设计规范》GB 50343
36 《通信局(站)防雷与接地工程设计规范》GB 50689
37 《铁路防雷及接地工程技术规范》TB 10180
38 《电磁环境控制限值》GB 8702
39 《建筑电气工程电磁兼容技术规范》GB 51204
40 《电视、调频广播场强测量方法》GB/T 14109
41 《电信网络设备的兼容性要求及测量方法》GB 19286
42 《专用数字对讲设备电磁兼容限值和测量方法》GB/T 36275
43 《建筑防火封堵应用技术标准》GB/T 51410
44 《民用建筑电气防火设计规程》DG/TJ 08—2048
45 《综合布线系统工程验收规范》GB 50312
46 《通信线路工程验收规范》GB 51171
47 《通信管道工程施工及验收规范》GB 50374
48 《通信工程制图与图形符号规定》YD/T 5015
49 《电气装置安装工程　电缆线路施工与验收规范》

GB 50168

50 《电气装置安装工程　接地装置施工与验收规范》GB 50169

51 《电气装置安装工程　爆炸和火灾危险环境电气装置施工与验收规范》GB 50257

52 《外壳防护等级(IP代码)》GB 4208

53 《电缆及光缆燃烧性能分级》GB 31247

54 《阻燃和耐火电线电缆或光缆通则》GB/T 19666

55 《防鼠和防蚁电线电缆通则》GB/T 34016

56 《防洪标准》GB 50201

57 《建筑智能化系统运行维护技术规范》JGJ/T 417

58 《军用装备实验室环境试验方法》GJB 150A

59 《电能质量　公用电网谐波》GB/T 14549

60 《建筑灭火器配置设计规范》GB 50140

61 《建筑电气与智能化通用规范》GB 55024

62 《消防设施通用规范》GB 55036

63 《建筑防火通用规范》GB 55037

上海市工程建设规范

专用数字无线对讲通信系统工程技术标准

DG/TJ 08—2406—2022
J 16909—2023

条 文 说 明

2023　上海

目　次

- 1 总　则 ·· 129
- 3 系统应用场所 ·· 131
  - 3.1 一般规定 ······································ 131
- 4 系统网络架构 ·· 133
  - 4.1 一般规定 ······································ 133
  - 4.2 信号源 ··· 133
- 5 系统功能 ·· 134
  - 5.2 基本功能 ······································ 134
  - 5.3 业务功能 ······································ 135
- 6 系统设计 ·· 136
  - 6.1 一般规定 ······································ 136
  - 6.2 设计流程 ······································ 136
  - 6.4 设计交付 ······································ 137
- 7 信号源 ··· 139
  - 7.1 一般规定 ······································ 139
  - 7.2 频率范围 ······································ 139
  - 7.3 频率数量设计 ································ 139
  - 7.4 信号源性能要求 ······························ 140
- 8 分布式天馈系统 ····································· 141
  - 8.2 分布式天馈系统性能 ······················· 141
  - 8.3 干线放大器及光纤直放站 ················· 141
  - 8.4 天馈 ·· 142
  - 8.5 多系统合路平台 ····························· 142
- 9 数字终端 ·· 143

	9.1 一般规定	143
	9.2 数字终端性能要求	143
10	配套设计	145
	10.2 机房与弱电间设计	145
	10.3 电气设计	145
	10.4 配线管网设计	145
11	电磁环境	147
	11.2 电磁环境卫生	147
12	安全防护与接地	149
	12.2 运行安全防护	149
	12.3 防雷与接地	151
	12.4 节能与环保	151
	12.5 阻燃与耐火	152
13	施工与安装	155
	13.1 一般规定	155
	13.2 进场检验	155
	13.4 无源器件及天线的安装	156
	13.5 线缆敷设	156
14	系统性能测试	157
	14.1 一般规定	157
15	工程验收	158
	15.1 一般规定	158
	15.2 验收工作流程	158
	15.3 初步验收	158
	15.4 系统试运行	159
	15.5 终期验收	159
16	运维管理	160
	16.3 运行管理	160
	16.4 维护管理	160
	16.5 运维保障	161

Contents

1 General provisions ··· 129
3 System application ·· 131
   3.1 General requirements ·· 131
4 System network architecture ······································· 133
   4.1 General requirements ·· 133
   4.2 Signal source ·· 133
5 System functions ··· 134
   5.2 Basic functions ··· 134
   5.3 Business functions ·· 135
6 System design ·· 136
   6.1 General requirements ·· 136
   6.2 Design process ··· 136
   6.4 Design delivery ·· 137
7 Signal source ·· 139
   7.1 General requirements ·· 139
   7.2 Frequency range ··· 139
   7.3 Frequency quantity design ····································· 139
   7.4 Signal source performance requirements ················ 140
8 Distributed antenna feeder system ································· 141
   8.2 Distributed antenna feeder system performance ······ 141
   8.3 Trunk amplifier and optical fiber repeater ············· 141
   8.4 Antenna feeder ··· 142
   8.5 Point of interface ··· 142
9 Digital terminal ·· 143
   9.1 General requirements ·· 143

	9.2 Digital terminal performance requirements	143
10	Supporting design	145
	10.2 Computer room and weak current room design	145
	10.3 Electrical design	145
	10.4 Wiring and pipe network design	145
11	Electromagnetic environment	147
	11.2 Electromagnetic environmental sanitation	147
12	Safety protection and grounding	149
	12.2 Operation safety protection	149
	12.3 Lightning protection and grounding	151
	12.4 Energy saving and environmental protection	151
	12.5 Flame retardant and fire resistant	152
13	Construction and installation	155
	13.1 General requirements	155
	13.2 Approach inspection	155
	13.4 Passive devices and antennas installation	156
	13.5 Cable laying	156
14	System performance test	157
	14.1 General requirements	157
15	Project acceptance	158
	15.1 General requirements	158
	15.2 Acceptance process	158
	15.3 Preliminary acceptance	158
	15.4 System test run	159
	15.5 Final acceptance	159
16	Operations and maintenance management	160
	16.3 Operation management	160
	16.4 Maintenance management	160
	16.5 Operation and maintenance support	161

1 总 则

1.0.1 为了规范本市各类房屋建筑及其附属设施场所中 150 MHz、400 MHz 频段专用数字无线对讲通信系统及 350 MHz 频段消防应急救援对讲通信系统的使用需求,促进专用数字对讲通信系统的健康发展,进一步贯彻落实《中华人民共和国建筑法》《中华人民共和国消防法》《中华人民共和国无线电管理条例》《工业和信息化部关于 150 MHz 400 MHz 频段专用对讲机频率规划和使用管理有关事宜的通知》(工信部无〔2009〕666 号)(含附件)等法规与规定要求,以及本市无线电管理机构颁发的《上海市 150 MHz、400 MHz 专用对讲机频率中长期频率分配、指配与使用规划》通知要求,同时为了加强本市专用数字无线对讲通信系统建设和频率使用的规范化,维护系统建设市场秩序,保证通信系统工程的质量和安全,促进行业健康发展,制定本标准。

1.0.2 《工业和信息化部关于 150 MHz 400 MHz 频段专用对讲机频率规划和使用管理有关事宜的通知》(工信部无〔2009〕666 号)及附件中规定:水上业务专用频率台站管理仍按照现行的 1979 年颁发的第 40 号文件执行。水上业务专用频率台站管理继续使用原有甚高频(VHF)频段(150 MHz 频段)中(模拟)专用对讲机系统,其带宽还是 25 kHz。由于水上移动通信业务管理规范不仅针对的是我国国内的水上业务管理,而且还要针对全球范围的水上业务管理。全球水上航行船只进行无线对讲机通信时,都会沿用原有模拟无线对讲机通信中甚高频(VHF)频段(150 MHz 频段)(如遇险救助的频率)技术标准,其(模拟)的 150 MHz 频段是具有国际性的。而全球范围内 VHF 水上业务的频率划分、技术标准和使用要求是由国际电信联盟《无线电规则》规定管理的,我国的水上频率管理的相关要求亦是根据国际电信联盟的《无线电规则》要求而确定。因此，本标准中不包括无线甚高频（VHF）频段水上移动业务（模拟）专用对讲通信系统。

1.0.3 本市各类房屋建筑及其附属设施场所内专用数字无线对讲通信系统建设时，应将系统自身所需使用的需求与国家特定部门所需使用的需求进行统筹规划与设计，并应将150 MHz、350 MHz、370 MHz、400 MHz、800 MHz等频段中多个专网通信频率信号进行集约化多系统合路设计。

多个专网通信频段信号频率应符合工业和信息化部及原信息产业部无线电主管部门针对特定部门（应急管理、消防救援、武警部队、人民公安与国家安全等部门）使用所颁发的《工业和信息化部关于应急管理部门使用370 MHz频段无线电频率有关事宜的通知》（工信部无函〔2019〕232号）、《关于350～390 MHz频段数字集群通信设备技术指标的通知》（信无函〔2004〕54号）和《关于800 MHz集群频率使用管理有关事宜的通知》（信部无〔2001〕518号）等文件的规定，以及应符合上海市人民政府各个管理机构为保障本市正常社会生活、应对重大突发公共事件而建设的应急通信指挥调度管理系统所采用800 MHz频段数字集群政务共网的要求。

1.0.4 本条文的目的是为贯彻执行《中华人民共和国建设法》《中华人民共和国消防法》和《中华人民共和国抗震减灾法》，实行以"预防为主"的方针，使建筑场所通信、消防等系统设备以及系统所涉及的机电配套设备进行抗震设防后，能减轻系统在地震等灾害时所遭受的破坏，保证应急救援通信畅通，防止次生灾害，避免且降低人员伤亡。

3 系统应用场所

3.1 一般规定

3.1.2 专用数字无线对讲通信系统工程建设时，应满足各类房屋建筑及其附属设施场所（为工业建筑、民用建筑等公共场所）各个所需部门使用与管理人员的实际要求。即系统的设置应满足建筑场所内运行维护管理部门人员和安全保卫部门执勤人员日常工作的使用需求。

3.1.4 专用数字无线对讲通信系统建设和安全保障通信系统信号引入的设置应满足下列使用要求：

2 系统的设置应满足建筑场所发生消防火灾等重大灾害事故和抢救人员生命为主的综合性应急救援时应急救援人员的使用需求，并应遵循《中华人民共和国消防法》的要求。

上海市消防救援总队（含其他上海市应急救援队）在承担建筑场所中消防火灾救援工作的同时，还需与中国人民武装警察部队上海市总队、上海市公安局等政府各级机构共同承担上海市重大所遇自然灾害事故、重大所遇突发事件事故、人员密集场所重大拥挤踩踏等事故，以及抢救人员生命为主的综合性应急救援救灾任务。其承担的任务包括地震、热带风暴、水淹等自然灾害，公共场所与地下建筑场所的建筑火灾、爆炸、建筑施工坍塌、恐怖人员袭击、群众突发遇险、公共交通场所事故、生产场所安全事故、社会公共安全等事件抢险救援救灾的任务。

同时，由于本市单体建筑和群体建筑高度高且建筑面积与体量越来越大，以及建筑普遍存在着内部建筑结构复杂、钢筋混凝土墙及楼板隔断多的状况，当建筑物内部没有构建完整的消防应急救援对讲通信系统网络时,其消防应急救援对讲通信的信号将无法穿透土建的多重隔断,无法实现建筑外部消防指挥员与建筑内部消防战斗员之间的有效通信,这将出现消防指挥员指令信息无法即时传达,导致一线消防战斗员受伤减员及救援工作不及时的状况。因此,在大城市及特大城市的一部分大型工业与民用建筑工程项目建设中,提前规划和建设好专用消防应急救援对讲通信系统,可为消防应急救援工作提供高可靠的对讲通信保障,将大大地提升消防指挥员与一线消防战斗员相互之间协同作战的能力,进一步保障一线消防战斗员的生命安全。

3 系统的设置应满足重要建筑场所中国人民武装警察部队上海市总队指挥员与战士、上海市公安局等部门人员值守站岗、重大节假日与活动执勤巡视时的使用需求,以及本市政府各级应急管理机构人员所遇突发事件进行应急响应指挥管理时的使用要求。

同时,系统的设置应满足重要建筑场所国家特殊部门人员工作巡视时的使用要求。

4 系统网络架构

4.1 一般规定

4.1.2 业务功能包括数字终端调度管理、对讲机定位、通信录音和电话互联等功能。

4.2 信号源

4.2.1 专用数字无线对讲通信系统信号源应由基站或转发台、合路平台及系统监控所组成。

转发台应按系统的容量配置1个或者多个。基站应配置多个载波，并可根据产品采用技术增加相关配套设备，包括网络交换设备、电源、信道控制器等。

合路平台通常由发射合路器、接收分路器和双工器组成。信号源应配置系统监控设备，实现对信号源基站或转发台、分布式天馈系统设备及数字终端等进行远程监控与管理。

5 系统功能

5.2 基本功能

5.2.3 系统设备监控及系统管理功能：

1 由于干线放大器组网方式的应用场景通常是建筑面积小的单体建筑，其设备数量少，所以就不再对干线放大器作设备监控及远程管理要求。系统设备管理功能可通过信号源增加数据处理服务器及管理软件实现，以分别或统一管理的方式实现信号源、光纤直放站及数字终端管理。

4 具有使用者的权限设置能力，包括监测权限和控制权限。

7 对于天线运行状态的监测，获取天线是否正常工作的状态情况。

9 提供系统数据通信接口，使综合管理平台可访问系统并获取系统中相关的监控数据。

12 对于系统设备的管理，可以不在本地建设设备管理，而采用云端服务器的集约化设计，通过物联网方式上传云端服务器，用户通过登录云端服务器进行系统设备的管理工作。云端服务器可以同时监管多个系统。

5.2.4 目前已建设且运行的消防应急救援对讲通信系统，采用多点单站式覆盖，其站点数量日趋增多且维护难度不断增大。本市消防应急救援部门需要采取一个有效的远程系统运行状态数据采集手段，以实现通过消防救援综合管理平台（其中为消防救援"一网统管"平台）对本市建筑项目中的消防应急救援对讲通信系统的运行状况进行远程实时管理，确保对讲通信系统能在应急救援行动中可靠、畅通。目前，本市消防设施物联网化正在建筑项目中逐步实施,消防应急救援对讲通信系统的数据上传与远程监控管理可通过该网络得以实现。

5.3 业务功能

5.3.1 系统中业务功能扩展能力应符合下列要求:
1 可通过独立设备、系统管理或调度管理实现全网录音功能。
2 建筑涉及相关的安全系统包括火灾自动报警系统、电子围栏、出入口控制系统等用户认为必要的关键管理系统,系统通过标准通信接口实现数据对接。对接后,系统自动向指定数字终端发送关键管理系统的数据信息,用户通过数字终端获得相关数据。

6 系统设计

6.1 一般规定

6.1.4 系统的分布式天馈系统通过合路方式实现包括安全保障通信系统在内的不同频率多个系统信号源信号的整合,实现单个分布式天馈系统的全部或者部分设备共用。

6.1.6 无线电辐射功率为系统设计的天线及漏泄同轴电缆等设备对空间辐射的信号功率值。

6.2 设计流程

6.2.2 系统设计流程的说明如下:

    1 系统设计成果文件中应包括功能需求、系统组成、容量计算、无线信号链路计算、干扰分析、系统技术指标和工程设备数量表等内容。

    2 所有系统设计文件和成果宜在土建各阶段设计稳定后开展后续系统设计。

    3 方案设计(可行性研究)文件是项目决策的依据,根据批准的项目建议书,进行系统的基础性设计。其内容和深度主要包括:稳定建设方案和主要技术设备的设计原则,大致提出主要工程数量和投资估算等内容并论证建设项目的可行性,应满足方案审批或报批的需要。

    4 总体设计文件是项目建设的主要依据,应根据批准的方案设计(可行性研究)报告及土建设计方案进行现场调查,对系统方案进行比选,进行比较详细的设计。其内容和深度主要包括:

确定工程设计原则、设计方案和技术问题；提出工程数量、主要设备材料数量及总概算。初步设计文件作为控制建设规模和总投资的依据，应满足进行施工准备及主要设备采购的需要。

5 施工图文件是工程实施和验收的依据，应根据总体设计审批意见和最终的土建施工图纸，为施工提供需要的图表和设计说明，并依据施工图工程数量编制投资检算。施工图文件应详细说明施工注意事项和要求，说明施工中应注意的事项和安全施工的措施。施工图投资检算由建设单位进行审查后，编制施工图预算。

6 施工图深化设计是以原施工图设计为依据，结合工程现场，对一些图纸和现场不相吻合的地方进行修改或重新设计，并且要求现场放线指导现场施工，同时根据修改内容编制工程决算文件。

6.2.3 系统设计要求的说明如下：

1 针对建筑运营情况进行中远期使用情况分析，系统设计考虑系统的长期运行，并满足日后的系统改造、扩容和升级的要求。

2 设计中各类信号对空间辐射功率值应符合本市无线电管理机构的规定。

3 对建筑物地理位置、建筑结构、周边情况、用户组成、布线路由、天线点位置、机房或设备器件安装点条件及配套系统引入条件等资料进行收集和确认。

4 确定各引入无线通信的覆盖范围及指标要求，应保证不会产生明显的信号泄漏，同时无线覆盖网络应对外界干扰小，且不易受到其他同类设备的干扰。

6.4 设计交付

6.4.2 设备平面布置点位图需要明确系统中使用设备设计的安装位置，因初步设计阶段部分建筑结构及配套设施可能存在变动，图中无需绘制设备之间关系、线缆敷设走向及信号耦合分配器安装点位。

6.4.3 信号链路设计系统图应经过射频信号分配计算设计后，绘制系统图纸。设计的系统图应计算每条链路的信号分配及传输损耗,精确计算出每根天线及漏泄同轴电缆等信号辐射设备的输入功率。

7 信号源

7.1 一般规定

7.1.1 信号源规划频率时,频率数量应根据话务量评估进行计算,并规划合理的使用频率数量。选择使用频点时,应计算三阶互调,避开交调信号频点,防止对通信产生影响。同时使用频点应避开周边建筑的使用频点,做好干扰隔离。

7.1.2 安全保障通信系统在规划阶段需要向有关使用部门提出申请后,根据系统架构以及环境情况,采用与系统整体网络或通信模式相匹配的信号源架构,需要保证使用部门数字终端可接入信号源,同时信号源能够接入整体网络。

7.2 频率范围

7.2.1 专用数字无线对讲通信系统中频率和台站使用应符合《工业和信息化部关于150 MHz、400 MHz频段专用对讲机频率规划与使用管理有关事宜的通知》(工信部无〔2009〕666号)以及《上海市150 MHz、400 MHz专用对讲机频率中长期频率分配、指配与使用规划》中的有关规定。建筑用地红线内专用数字无线对讲通信系统无线电信号覆盖的频段及相关要求应符合国家和本市无线电管理机构现行文件的规定。

7.3 频率数量设计

7.3.3 系统无线电频率使用率应满足《无线电频率使用率要求

及核查管理暂行规定》（工信部无〔2007〕322号）的要求。组网运行的专用对讲通信系统，其频段占用度不宜低于80％，区域覆盖率不宜低于50％，用户承载率不宜低于50％，年时间占用度不宜低于60％。

7.3.7 目前本市消防应急救援对讲通信采用的是第三级通信网络，仍然采用模拟转发的方式，并具有3组专用频率，用于现行的应急救援现场指挥通信。建设消防应急救援通信对讲系统应满足所有频率使用。同时本市消防救援通信正在谋求提升通信数字化，因此在建设系统时应考虑系统发展，采用具有数模兼容能力的相关设备。

7.4 信号源性能要求

7.4.2 基站或转发台可以通过设置接收信号强度的电平限值来满足通信要求。信号电平在电平限值以下的信号，信号源将不再处理此信号，通过控制动态接收电平门限设置，避免外界干扰信号对于系统的影响。

7.4.3 合路平台通过发射合路器、接收分路器及双工器实现多载波发射与接收的合路。

7.4.4 基站或转发台具有备用电源端口，当交流电压220 V供电中断时，自动转换至备用电源端口实现供电；当电力恢复时，自动倒换至主供电端口。备用电源端口可以为供电输入端口或蓄电池充放电端口。

8 分布式天馈系统

8.2 分布式天馈系统性能

8.2.1 专用数字无线对讲通信系统分布式天馈系统设计所覆盖区域场所信号质量说明如下:

　　3 载噪比包括上行链路信号源接收信号的载噪比及下行对讲机接收信号的载噪比。

8.2.3 分布式天馈系统应考虑信号源多载波设计时,所有载波并发时设备同时放大信号导致的信号增益被分流。同时分布式天馈系统内的设备需要考虑所有载波并发时多载波信号合并总功率的承载,确保系统内所有载波并发状态下设备足以承受大功率信号,避免设备因过载而受损。

8.3 干线放大器及光纤直放站

8.3.3 系统组网设计中,因干线放大器或光纤直放站自身产生噪声,需在设计中进行控制,故此系统信号源的信号至数字终端的传输链路中最多允许经过 2 次信号放大处理,避免系统噪声恶化,导致通信质量下降。此处光纤直放站设备指光纤直放站远端机。

8.3.4 采用干线放大器组网方式的说明如下:

　　1 系统整体底噪计算公式为整体系统底噪(dB)=射频直放站噪声系数+10×log(系统内射频直放站数量总和)。系统内设置的干线放大器数量应根据采用的设备噪声系数性能计算系统可承载设备数量,系统底噪应不超过本标准附录 C.0.1 的相关规定。系统内设置的干线放大器数量不宜超过 8 个。

8.3.5 采用光纤直放站组网方式应符合下列规定：

2 应考虑光纤直放站近端机故障时，将造成通信中断区域的范围和通信中断的影响，应尽量避免因近端机产生的故障引起大范围通信中断。单个模拟光纤直放站近端机携带远端机数量不应大于 4 台。当数字光纤直放站设备上的光路采用环网或级联架构组网方式时，每个环网或级联所串接的远端机数量不应大于 8 台。

4 旁路功能为数字光纤直放站近远端机采用环网或级联组网架构时，中间节点的远端故障，信号仍能通过故障远端与后级远端建立通信的一种功能。

5 系统整体底噪计算公式为系统整体底噪(dB)＝光纤直放站噪声系数＋$10 \times \log$(系统内光纤直放站远端机数量总和)。系统底噪应不超过本标准附录 C.0.2 的相关规定。系统内设置的光纤直放站远端机数量不宜超过 32 个。

8.4 天 馈

8.4.4 天馈的布局设计应分别考虑上下行链路接收机接收功率强度，包括信道机接收功率强度和数字终端接收功率强度。在设计过程中，计算上行链路信号强度采用的数字终端功率依据应不高于本市无线电管理机构所认可的对讲机输出功率，宜设定不超过 1 W 的输出功率，避免上行链路设计出现偏差。

8.5 多系统合路平台

8.5.1 系统信号合路应结合接入的信号源、光纤直放站设备的性能，考虑设备所需的功率承载、接入系统间信号的隔离度、互调抑制性能，避免设备过载受损或合路导致的系统信号相互干扰。

9 数字终端

9.1 一般规定

9.1.2 针对人员需要移动过程中进行通信的,可采用具有电池供电的数字终端。而对于需要 24 h 不间断且位置固定的,可采用数字移动台并提供供电,实现固定点通信。

9.2 数字终端性能要求

9.2.7 数字终端防爆能力的说明:

2 气体防爆等级参数一般有防爆等级、区域分类和防爆等级温度几个参数。

1）防爆等级

Ⅰ类:煤矿井下电气设备。

Ⅱ类:除煤矿、井下之外的所有其他爆炸性气体环境电气设备。

Ⅱ类又可分为ⅡA、ⅡB、ⅡC类,标志ⅡB的设备可适用于ⅡA设备的使用条件;ⅡC可适用于ⅡA、ⅡB的使用条件。

Ⅲ类:除煤矿以外的爆炸性粉尘环境电气设备。

ⅢA类:可燃性飞絮;ⅢB类:非导电性粉尘;ⅢC类:导电性粉尘。

2）区域分类

0区(Zone 0):易爆气体始终或长时间存在;连续地存在危险性大于 1 000 小时/每年的区域。

1区(Zone 1):易燃气体在仪表的正常工作过程中有可能

发生或存在;断续地存在危险性10~1 000小时/每年的区域。

2区(Zone 2):一般情形下,不存在易燃气体且即使偶尔发生,其存在时间亦很短;事故状态下存在的危险性0.1~10小时/每年的区域。

3) 防爆等级温度

爆炸性环境用电气设备按其最高表面温度划分为T1—T6组别:

  T1:450℃   氢气、丙烯腈等46种
  T2:300℃   乙炔、乙烯等47种
  T3:200℃   汽油、丁烯醛等36种
  T4:135℃   乙醛、四氟乙烯等6种
  T5:100℃   二硫化碳
  T6:85℃   硝酸乙酯和亚硝酸乙酯

10 配套设计

10.2 机房与弱电间设计

10.2.5 合用弱电间(弱电竖井)的设计应符合下列规定:

4 合用弱电间(弱电竖井)内水泥找平地面应高出本层地面不少于 100 mm 或由建筑设置防水门槛。合用弱电间(弱电竖井)地处地下室潮湿场所时,其房间地面应高出本层地面不少于 100 mm 并采取防潮、防尘、防静电措施;地处干燥场所时,其房间地面应采取防尘、防静电措施。

10.3 电气设计

10.3.1 专用数字无线对讲通信系统设备供电应符合下列规定:

4 蓄电池组设备可采用阀控式密封铅酸蓄电池或密封锂电池。

5 表 10.3.1 中建筑类别、应用场所与火灾危险性和火灾延续时间为参照现行国家标准《消防给水及消火栓系统技术规范》GB 50974 的规定进行确定。

10.3.3 住宅建筑的供电系统接地保护亦可采用 TT 制式。

10.4 配线管网设计

10.4.2 系统园区地下综合通信管道和其他机电设施地下管道及建筑物敷设的最小间距不应小于表 2 的规定。当敷设条件不能满足要求时,应采取屏蔽隔离和保护措施。

表2 通信管道、通道和其他地下管道及建筑物的最小间距

其他地下管道及建筑物名称		平行净距(m)	交叉净距(m)
已有建筑物		2.0	—
规划建筑物红线		1.5	—
给水管	$d \leqslant 300$ mm	0.5	0.15
	300 mm$<d \leqslant 500$ mm	1.0	
	$d>500$ mm	1.5	
排水管		1.0[注1]	0.15[注2]
热力管		1.0	0.25
输油管道		10	0.5
燃气管	压力$\leqslant 0.4$ MPa	1.0	0.3[注3]
	0.4 MPa$<$压力$\leqslant 1.6$ MPa	2.0	
电力电缆	<35 kV	0.5	0.5[注4]
	$\geqslant 35$ kV	2.0	
高压铁塔基础边	$\geqslant 35$ kV	2.50	—
通信电缆(或通信管道)		0.5	0.25
通信杆、照明杆		0.5	—
绿化	乔木	1.5	
	灌木	1.0	
道路边石边缘		1.0	—
铁路钢轨(或坡脚)		2.0	—
沟渠(基础底)		—	0.5
涵洞(基础底)		—	0.25
电车轨底		—	1.0
铁路轨底		—	1.5

注:1. 主干排水管后敷设时,排水管施工沟与既有通信管道间的水平净距不得小于1.5 m。
2. 当管道在排水管下部穿越时,交叉净距不得小于0.4 m。
3. 当燃气管有接合装置和附属设备的2 m范围内,通信管道不得与燃气气管交叉。
4. 电力电缆加保护管时,通信管道与电力电缆的交叉净距不得小于0.25 m。
5. 表中符号d为给水管的外部直径。

11 电磁环境

11.2 电磁环境卫生

11.2.2 系统中为了控制电场、磁场、电磁场所致公众曝露,以及环境中电场、磁场、电磁场场量参数的方均根值的限制可参见现行国家标准《电磁环境控制限制》GB 8702 的规定,应符合表 3 的规定。

表3 公众曝露控制限值

频率范围	电场强度 E (V/m)	磁场强度 H (A/m)	磁感应强度 B (μT)	等效平面波功率密度 S_{eq}(W/m^2)
1 Hz～8 Hz	8 000	32 000/f^2	4 000/f^2	—
8 Hz～25 Hz	8 000	4 000/f	5 000/f	—
0.025 kHz～1.2 kHz	200/f	4/f	5/f	—
1.2 kHz～2.9 kHz	200/f	3.3	4.1	—
2.9 kHz～57 kHz	70	10/f	12/f	—
57 kHz～100 kHz	4 000/f	10/f	12/f	—
0.1 MHz～3 MHz	40	0.1	0.12	4
3 MHz～30 MHz	67/$f^{1/2}$	0.17/$f^{1/2}$	0.21/$f^{1/2}$	12/f
30 MHz～3 000 MHz	12	0.032	0.04	0.4

续表3

频率范围	电场强度 E (V/m)	磁场强度 H (A/m)	磁感应强度 B (μT)	等效平面波功率密度 S_{eq}(W/m^2)
3 000 MHz～15 000 MHz	$0.22/f^{1/2}$	$0.001/f^{1/2}$	$0.0012/f^{1/2}$	$f/7\ 500$
15 GHz～300 GHz	27	0.073	0.092	2

注:1. 频率 f 的单位为所在行中第一栏的单位。
  2. 0.1 MHz～300 GHz 频率,场量参数是任意连续 6 min 内的方均根值。
  3. 100 kHz 以下频率,需同时限制电场强度和磁感应强度;100 kHz 以上频率,在远区场,可以只限制电场强度或磁场强度,或等效平面波功率密度;在近区场,需同时限制电场强度和磁场强度。
  4. 架空输电线路下的耕地、园地、牧草场、畜禽饲养地、养殖水面、道路等场所,其频率为 50 Hz 的电场强度限值为 10 kV/m,且应给出警示和防护指示标志。
  5. 对于脉冲电磁波,除满足上述要求外,其功率密度的瞬时峰值不得超过表 3 中所列限值的 1 000 倍,或场强的瞬时峰值不得超过表 3 中所列限值的 32 倍。

12 安全防护与接地

12.2 运行安全防护

12.2.1 专用数字无线对讲通信系统设备在爆炸性危险环境中设计时,应符合下列规定:

5 在爆炸性危险环境中通风良好的爆炸性气体环境的2区或设置在爆炸性粉尘环境的22区处,可采用漏泄同轴电缆沿墙明敷设,并应采用无中间接头的整根电缆。当电缆上必须采取中间分路连接时,应在中间接头处加装专用密封盒(箱),以防发生电火花或静电火花的外泄。

12.2.10 专用数字无线对讲通信系统设备外壳产品选用应符合现行国家标准《外壳防护等级(IP代码)》GB/T 4208中提出的国际IP防护等级要求。其设备外壳防护等级是按照标准规定的检测方法,确定出外壳对人接近危险部件、防止固体异物进入或水进入所提供的保护程度,如表4及表5所示。

表4 IP防护等级固体防护范围(第一位特征数字)

第一位特征数字	防护等级(IP代码第一位数字)	
	简要说明	含义
0	无防护	对于意外接触无防护,对异物入侵无防护
1	防止直径不小于50 mm的固体异物	防止手背接近危险部件;直径50 mm的球形物体试具不得完全进入壳体
2	防止直径不小于12.5 mm的固体异物	防止手指接近危险部件;直径12.5 mm的球形物体试具不得完全进入壳体
3	防止直径不小于2.5 mm的固体异物	防止工具接近危险部件;直径2.5 mm的物体试具完全不得进入壳体

续表4

第一位特征数字	防护等级(IP代码第一位数字)	
	简要说明	含义
4	防止直径不小于1.0 mm的固体异物	防止金属线接近危险部件;直径1.0 mm的物体试具完全不得进入壳体
5	防尘	防止金属线接近危险部件;不能完全防止尘埃进入,但进入的灰尘量不得影响设备的正常运行,不得影响安全
6	尘密	防止金属线接近危险部件;完全阻止灰尘进入

表5 IP防护等级固体防护范围(第一位特征数字)

第二位特征数字	防护等级(IP代码第二位数字)	
	简要说明	含义
0	无防护	对水没有防护
1	防止垂直方向水滴	防护垂直下降水滴
2	防15°倾斜时垂直方向水滴	防护外壳各垂直面在15°倾斜时,垂直滴水无有害影响
3	防淋水	防护外壳垂直面在60°范围内淋水,无有害影响
4	防溅水	防护外壳全方向泼溅水,无有害影响
5	防喷水	防护外壳全方向喷水,无有害影响
6	防强烈喷水	防护高压喷射或大浪进入,无有害影响
7	防短时间浸水	可沉浸在水下0.15 m~1 m深度
8	防持续浸水	可长期沉浸在压力较大的水下
9	防高温/高压喷水	防护外壳全方向喷射高温/高压水而无有害影响

12.3 防雷与接地

12.3.1 专用数字无线对讲通信系统设备信号接地即为功能性接地。通常,电子信息机房内按现行国家标准《建筑物电子信息系统防雷技术规范》GB 50343 可采用 S 型或 M 型结构形式的等电位连接,其等电位连接亦是功能性等电位连接。对功能性等电位连接方式的要求取决于电子信息系统设备的频率范围、电磁环境以及设备的抗干扰与频率特性。

S 型星形等电位连接结构适用于 1 MHz 以下低频率电子信息系统的功能性接地。

M 型网格形等电位连接结构适用于频率达 1 MHz 以上电子信息系统的功能性接地。同时系统设备机柜或每台电子信息设备宜用 2 根不同长度的连接导体与等电位连接网格连接,2 根不同长度的连接导体应避开或远离干扰频率的 1/4 波长或奇数倍,并要为高频干扰信号提供一个低阻抗的泄放通道。否则,连接导体的阻抗增大或变为无穷大,将会不能起到等电位连接与接地的作用。

12.4 节能与环保

12.4.2 RoHS(Restriction of Hazardous Substances)检测标准早先是由欧盟(EU)立法制定的一项强制性标准,它的全称是《关于限制在电子电气设备中使用某些有害成分的指令》。该标准已于 2006 年 7 月 1 日开始正式在欧盟国家内实施,主要用于规范电子电气产品的材料及工艺标准,使之更加有利于人体健康及环境保护。该标准的目的在于限制电器电子产品中含有有害物质[铅(Pb)、汞(Hg)、镉(Hd)、六价铬(Cr Ⅵ)、多溴联苯(PBBs)和多溴二苯醚(PBDEs),共 6 项]。

2015年6月4日,欧盟在其官方公报上发布指令(EU)2015/863对RoHS2.0附录Ⅱ进行修订,将4项领苯二甲酸酯[即邻苯二甲酸二(2-乙基己基)酯(DEHP)、邻苯二甲酸苄基酯(BBP)、邻苯二甲酸二丁酯(DBP)、邻苯二甲酸二异丁酯(DIBP)]列入RoHS2.0中。至此,RoHS2.0附录Ⅱ中的限制有害物质增加至10项。同时规定自2019年7月22日起,除医疗设备和监控设备以外的所有电子电气设备都需要满足新的要求,以及自2021年7月22日起,医疗设备和监控设备亦需满足以上新的10项要求。

我国2006年针对限制在电子电气设备中使用某些有害成分,出版早先的国家电子行业标准《电子电气产品中有毒有害物质的限量要求》SJ/T 11363,并在2011年5月出版替代电子行业标准的国家标准《电子电气产品六种限用(铅、汞、镉、六价铬、多溴联苯、多溴二苯醚)的测定》GB/T 26125(等同于IEC 62321:2008)。为了控制和减少我国电器电子产品废弃后对环境造成的污染,促进生产、销售、进口低污染电器电子产品和资源综合利用,保护环境和人体健康,2016年1月21日,国家工业和信息化部等八部门联合发布了《电器电子产品有害物质限制使用管理办法》(联合部长令第32号,即中国RoHS 2.0)。

2020年12月14日,由国家市场监督管理总局(国家标准化管理委员会)颁发与中国RoHS配套检测的国家标准《电子电气产品中某些物质的测定》GB/T 39560系列标准(替代GB/T 26125),并于2021年7月1日正式实施。国家颁发现行的GB/T 39560系列标准依据欧盟RoHS IEC 62321新的系列标准,标志着我国RoHS检测方法标准与的国际重新接轨,对我国电子电气产品有着重要意义。

12.5 阻燃与耐火

12.5.1 专用数字无线对讲通信系统与消防应急救援对讲通信

系统进行网络集约化建设时,系统所采用的线缆和对线缆的保护措施应满足在火灾等灾情的救援状况下具备一定时间内维持系统线路完整性和信号通信畅通性的要求,并符合下列规定:

  1 专用数字无线对讲通信系统中,当信号传输线路采用射频同轴电缆时,应根据地处潮湿场所或建筑室内干燥场所环境选用阻燃或无卤低烟阻燃射频同轴电缆。

  2 射频同轴电缆通常产品结构类型是由互相同轴(处于同芯位置)的内导体(为无氧铜线芯或铜包铝线或光滑铜管或螺旋形皱纹铜管)、皱纹铜管外导体(为环形皱纹铜管或螺旋形皱纹铜管)或编织屏蔽网外导体(为铝箔塑带+镀锡铜线加密编织屏蔽网等)、支撑内外导体的介质(为发泡聚烯烃绝缘或发泡 PE 绝缘),以及阻燃外护套(为 PE 护套或无卤低烟阻燃聚烯烃护套)所组成。

  由于其内外导体处于同心位置,电磁能量局限在内外导体之间的介质内传播,具有衰减小、屏蔽性能高、使用频带宽及性能稳定等优点。

  射频同轴电缆根据目前材料和现有技术制造条件的限制,产品的生产很难制造成无线通信用的耐火型射频同轴电缆。因为外导体上包覆有多层云母带等其他耐火材料的射频同轴电缆,在火灾等 750℃及以上高温的状况下,同轴电缆内导体与外导体之间的介质(发泡聚烯烃绝缘或发泡 PE 绝缘)将发生融化或气化,使得其电气性能完全改变且无法传输射频电波信号。

  专用数字无线对讲通信系统与消防应急救援对讲通信系统进行网络集约化建设时,系统所采用的高阻燃射频同轴电缆除应符合本章节要求外,还应符合现行行业标准《通信电缆 无线通信用 50 Ω 泡沫聚烯烃绝缘皱纹铜管外导体射频同轴电缆》YD/T 1092 的规定。

  6 专用数字无线对讲通信系统与消防应急救援对讲通信系统进行网络集约化建设时,系统采用的线缆和对线缆的保护措施应根据建筑规模大小与高度、扑灭火灾与救援的难度以及所需救援时间综合考虑，并应保证系统线缆在火灾场所燃烧高温下具备 1 h 及以上时间维持系统线路完整性和通信畅通性的要求。

系统采用线缆穿金属导管或金属槽盒且明敷设时(含明敷设在吊平顶或顶棚内)，应对金属管槽采取防火保护措施。其防火保护措施可采取对金属管槽外部涂刷 2 次及以上认证合格的防火涂料，或采用认证合格的专用耐火电缆槽盒。当采用耐火电缆槽盒时，应符合现行国家标准《耐火电缆槽盒》GB 29415 的规定。

13 施工与安装

13.1 一般规定

13.1.1 智能化工程施工资质指电子与智能化工程专业承包施工资质。通信工程施工资质指通信工程施工总承包资质。

13.1.4 系统工程项目中,当施工与安装所涉及城市建设的市政隧道、城市轨道交通无线通信系统时,应符合现行国家标准《公众移动通信隧道覆盖工程技术规范》GB/T 51244 和现行上海市工程建设规范《城市轨道交通专用无线通信系统技术规范》DG/TJ 08—104 的规定。综合管廊系统建设时,应符合现行国家标准《城市综合管廊工程技术规范》GB 50838 的规定。同时,系统工程项目中,当施工与安装所涉及本市消防救援、人民武装警察部队、人民公安等应急管理相关部门通信建设的专用数字无线对讲通信系统时,除应符合各家使用单位信息通信和科技部门针对工程施工与安装的要求外,还应符合现行行业标准《警用数字集群(PDT)通信系统工程总体技术规范》GA/T 1056 和《警用数字集群(PDT)通信系统工程技术规范》GA/T 1368 的规定。

13.2 进场检验

13.2.1 系统工程施工前的准备,除应符合本标准规定外,还应符合现行国家标准《智能建筑工程施工规范》GB 50606 的规定。

13.4 无源器件及天线的安装

13.4.1 无源器件在安装时,应考虑环境潮气及安装位置水浸入的可能与风险,应采取必要的接头防水保护,防止器件短路。

13.5 线缆敷设

13.5.2 系统线缆在垂直电缆走线槽内敷设时,应相互紧密靠拢绑扎固定且外观平直整齐,线扣间距应符合均匀且松紧适度要求。

13.5.20 漏泄同轴电缆安装间距要求应符合现行国家标准《数字集群通信工程技术规范》GB/T 50760 的规定。防火耐腐蚀固定夹具应采用不锈钢、铜等耐火金属材料,耐腐蚀性能要求应符合现行国家标准《电工电子产品环境试验 第2部分:试验方法 试验B:高温》GB/T 2423.2 的规定。

14 系统性能测试

14.1 一般规定

14.1.5 系统工程项目的验收或系统维护主体采用的检测仪器应符合表 6 的规定。

表 6 检测仪器与测量方法标准

检测仪器	测试与测量方法标准
频谱分析仪	《频谱分析仪通用规范》GB/T 11461 《频谱分析仪检定规程》JJG 501
场强仪	《工频电场测量》GB/T 12720
网络分析仪	《矢量网络分析仪通用规范》GJB 8352
监测接收机	《VHF/UHF 频段无线电监测接收机技术要求及测试方法》GB/T 32401
传输分析仪	《SDH/PDH 传输分析仪校准规范》JJF 1237

15 工程验收

15.1 一般规定

15.1.2 系统工程验收小组应由项目建设、设计、监理、系统施工等单位组成,各家单位参加人员应不少于1人。

15.1.3 系统施工单位提供的验收工程资料应包括工程项目实施中整个系统的过程文件和系统测试报告。

15.2 验收工作流程

15.2.2 系统工程验收工作应分为初步验收、试运行和终期验收三个关键环节,以及各阶段相对应的过程文件。系统验收应出具初步验收时生成的初步验收记录表,试运行时生成的试运行记录表,终期验收时生成的竣工验收证书。

15.3 初步验收

15.3.1 培训资料应是系统工程项目完工后,针对用户运行人员或运维人员的技术培训材料。

15.3.5 专用数字无线对讲通信系统工程中所涉及的整个系统防雷接地要求应符合现行国家标准《建筑物电子信息系统防雷设计规范》GB 50343 和《通信局(站)防雷与接地工程设计规范》GB 50689 的规定。

15.4 系统试运行

15.4.1 系统试运行时间应不少于 30 d,其起始时间应在初步验收报告出具后开始计算。

15.4.3 系统测试分析结果应参照系统测试记录、对讲话务统计和用户投诉分析结果,并应在试运行期间以书面形式提交。

15.5 终期验收

15.5.3 系统工程初步验收期间提交出现问题处理结果应充分体现在系统实际的施工或性能调试上,并应由责任方以书面形式告知建设单位。

16 运维管理

16.3 运行管理

16.3.2 系统设备的运行管理应符合下列规定：

1 用户运行操作手册应在系统竣工验收时，由本系统承包商根据设计目标、用户管理要求提供定制的运行维护文件。文件应包括保障系统正常运行的流程、常规故障处理办法等方面内容。系统设备操作手册为设备生产厂家提供的系统运行、操作管理手册。

16.3.3 系统的运行管理应符合下列规定：

1 基站或中转台、直放站、有源放大器等有源设备上的状态应符合电源接通及保持常开的状态。设备上的端口应正确可靠连接，以及有源设备上的散热风扇应保持正常运行。

16.4 维护管理

16.4.1 维护应符合下列要求：

4 通过系统监控或者系统其他功能具备的通信记录，评估系统的繁忙程度，确认系统频率容量的使用率。也可通过指定时间捕捉容量使用情况的方式进行人工测算。

5 遵照使用手册中对电池充电使用的要求进行操作，长时间不使用的备份电池应每隔30 d充放电1次。

16.4.2 系统的维护管理应符合下列规定：

1 应检查系统主要设备线缆连接正确无异常；定期检测和排查出信号不良区域的覆盖状况，并在每隔90 d检查系统室外天线防雷与接地系统的可靠性。

维护管理的内容应包括对系统中的信号源、分布式有源天馈、数字终端等设备进行参数核对，并对设备的设置、使用情况进行检查维护。

16.5 运维保障

16.5.1 维护主体针对用户系统故障报修，应先采用远程指导故障排除方法。当远程指导不能满足故障排除时，应及时赶至用户现场提供维修服务。

用户系统故障的原因通常包括操作人员的操作失误、线路故障、连接器件接口故障、设备运行故障、软件操作故障等。用户系统故障原因的判断应由熟悉工程项目的系统架构设计人员、系统实施人员或系统应用软件人员进行系统故障排查。排查方式可采取先易后复杂的流程进行诊断检测。